水利水电工程移民安置实施

四大关系

张谷 都勤 李庆友 刘焕永 余琳 等 著

中国水利水电出版社
www.waterpub.com.cn
·北京·

内 容 提 要

　　本书结合目前水利水电工程移民政策和移民工作发展历程及现状，对移民安置实施阶段各方之间存在的关系类型进行了深入细致的研究，理顺了相互间的关系和权责分工。全书共9章，包括绪论、移民工作任务与特点、当前移民工作面临的主要问题、移民安置阶段"四大关系"内涵分析及理论基础、移民安置法律关系、移民安置工作关系、移民安置利益关系、移民安置监督关系以及结论与展望等内容，具有较高的理论与指导价值。

　　本书可供水利水电工程建设征地移民行业的政府管理、规划设计、工程建设管理等工作人员及理论研究者阅读，也可作为移民干部及相关工作人员的培训教材。

图书在版编目（C I P）数据

水利水电工程移民安置实施四大关系 / 张谷等著
. -- 北京 : 中国水利水电出版社，2018.4
ISBN 978-7-5170-6383-4

Ⅰ. ①水… Ⅱ. ①张… Ⅲ. ①水利水电工程－移民安置－研究－中国 Ⅳ. ①D632.4

中国版本图书馆CIP数据核字(2018)第064396号

书　　　名	**水利水电工程移民安置实施四大关系** SHUILI SHUIDIAN GONGCHENG YIMIN ANZHI SHISHI SI DA GUANXI	
作　　　者	张谷　都勤　李庆友　刘焕永　余琳　等著	
出 版 发 行	中国水利水电出版社 （北京市海淀区玉渊潭南路1号D座　100038） 网址：www.waterpub.com.cn E - mail：sales@waterpub.com.cn 电话：(010) 68367658（营销中心）	
经　　　售	北京科水图书销售中心（零售） 电话：(010) 88383994、63202643、68545874 全国各地新华书店和相关出版物销售网点	
排　　　版	中国水利水电出版社微机排版中心	
印　　　刷	天津嘉恒印务有限公司	
规　　　格	170mm×240mm　16开本　13.25印张　184千字	
版　　　次	2018年4月第1版　2018年4月第1次印刷	
印　　　数	0001—1500册	
定　　　价	**58.00元**	

《水利水电工程移民安置实施四大关系》
编 撰 人 员

张 谷 都 勤 李庆友 刘焕永 余 琳

席景华 何生兵 朱运亮 邹 正 石昕川

文 韬 汪 奎 崔筱亭 张莹莹 陈小海

前 言 *Qianyan*

　　建设征地移民安置工作作为水利水电资源开发进程中的重要组成部分，是影响工程建设成败的关键因素之一。伴随社会经济的快速发展，移民工作逐渐受到国家与社会各界的高度关注与重视，移民安置相关法规政策从无到有、逐步完善，移民工作逐步法制化、规范化。随着"科学发展、以人为本"理念的不断深入实践，移民安置理念不断创新，从最初的"重工程、轻移民"转变为"重安置、轻发展"，进而到现在的"安置与发展并重"，移民安置方式从最初的单一大农业安置向逐年货币补偿、养老保障安置、土地入股安置等多元化、多渠道安置方式转变，为新时期移民安置工作注入了动力，保障了移民安置工作的稳步推进。水利水电移民安置工作基本实现了"搬得出、稳得住、逐步能致富"的工作目标，有效地推动了水利水电工程建设以及移民区和移民安置区的社会经济发展。

　　水利水电移民安置是一项系统的社会化工作，涉及政治、经济、社会、人口、资源、环境等诸多因素。处于不同工程社会的水利水电工程移民安置工作具有差异性特征，针对不同工程的个案研究缺乏普适性与推广性。在国家依法治国和依法移民的新形势与新要求下，国家、各级政府与相关部门在对水利水电开发加大支持促进力度的同时，也对相关各方在水利水电工程移民工作中如何有序、高效合作提出了更高的要求。

　　本书基于"三个主体五个方面"及"四大关系"理论，结合水利水电工程移民政策、移民工作发展历程及现状，对"法律关系""工作关系""利益关系"及"监督关系"的内涵、特征及类别等内容进行了深入分析与研究，理顺了移民安置实施阶段各方之间的关系、权责分工。本书在2016年四川省扶贫和移民工作局委托中国电建集团成都勘测设计研究院有限公司完成的课题成果《四川省大中型水利水电工程移民安置实施阶段四大关系分析报告》基础上编制而成。全书共9章：第1章绪论，讲述了研究背景、必要性与方法；第2章移民工作任务与特点，阐述了水电开发不同阶段移民工作的任务与工作特点；第3章当前移民工作面临的主要问题，主要从管理体制层面、政策层面、实施操作层面，对移民工作中面临的问题进行了梳理分析；第4章移民安置阶段"四大关系"内涵分析及理论基础，交代了"四大关系"提出的背景与研究的理论基础；第5章至第8章，分别梳理分析了移民安置各个关系的内涵、关系类型、面临的挑战及改进建议；第9章结论与展望，对新时期、新常态下如何进一步完善水利水电移民工作关系进行了总结与展望。

本书在撰写过程中，得到了四川省扶贫和移民工作局有关领导的大力支持与具体指导，在此表示衷心感谢。此外，还要感谢中国电建集团成都勘测设计研究院有限公司征地移民处的大力支持，为本书提供了基础资料与智力支持，并提出了宝贵的修改意见。

由于时间与作者水平限制，本书难免存在疏漏或不足，恳请读者批评指正。

作者

2018 年 2 月

目 录 *Mulu*

第1章 绪 论

1.1 研究背景

根据最新统计，我国水能资源可开发装机容量约为 6.6 亿 kW，多年平均年发电量约为 3 万亿 kW·h，列世界首位。我国常规水电装机容量已从新中国成立初期的 16.3 万 kW 发展到 2015 年的 29666 万 kW，占全国电力总装机容量的 19.7%；2015 年全国水电发电量为 11143 亿 kW·h，占全国发电量的 19.9%，为我国节能减排发挥了重要作用。我国水能资源主要分布在西部的大江大河上游地区，其中四川省分布河流 1400 多条，素有"千河之省"之说，主要河流多流经峡谷，汹涌湍急，径流丰沛，落差巨大，水力资源极为丰富。水力资源理论蕴藏量 1.435 亿 kW，技术可开发量达 1.2 亿 kW，占比达 26%，是我国水力资源最丰富的省份。

水利水电开发中，移民安置工作作为水力资源开发进程中的重要组成部分和基础性、关键性工作，是影响工程建设成败的关键因素之一。据不完全统计，全国大中型水利水电工程已建、在建工程导致移民约 2500 万人，未来拟建的水电工程按已规划流域预计产生移民约 80 余万人。其中，四川省大中型水利水电工程已完成安置并纳入后期扶持移民 108 余万人，在建工程移民 30 余万人，拟建项目移民 30 余万人。在贯彻国家能源战略，实施"西部大开发"的战略方针，落实"西电东送"的战略部署，加快藏东南"三江"（金沙江、澜沧江、怒江）流域水电开发进程的背景下，若"三江"干流水力资源全部开发，四川省移民总量预估将新增约 42 万人，居全国之首。因此，四川省的水利水电移民安置工作不仅关系着四川经济社会发展大局，还直接关系着全国水利水电移民安置工作的大局。

在移民安置工作持续实施过程中，各水利水电工程为解决工作中的实际问题，依据工程背景与特点，基于现实工作中的复杂问题，对参与各方的关系进行了一定的研究，这对顺利推进项目建设起到一定的作用。但针对不同项目的个案研究缺乏普适性与推广性，开展新项目工作时仍需耗费大量时间精力去化解新的争论，形成新的协作关系。在国家依法治国和依法移民的新形势与新要求下，国家及各级政府和相关部门在对水利水电开发加大支持促进力度的同时，也对相关各方在水利水电工程移民工作中如何有序、高效合作提出了更高的要求。

解决移民安置工作中的问题与矛盾，首先需要转变思想观念。对此，笔者认为，要做好移民工作，首先要牢固树立为人民服务的宗旨，转变观念，要将"六重六轻"转变为"六个并重"，即摒弃"重工程轻移民、重业主轻移民、重官方轻民意、重搬迁轻发展、重后期轻前期、重结果轻过程"的思想，转变为"工程移民并重、移民业主并重、民意官方并重、搬迁发展并重、前期后期并重、结果过程并重"的观念。"六个并重"实际上也是六对关系的体现，即民生和国计关系、人民和企业的关系、百姓和政府的关系、眼前利益和长远利益的关系、因和果的关系、实体和程序的关系。这六对关系从另一个方面证实了移民工作的复杂性和系统性，其中涉及多方部门和多方利益，各方关系错综复杂。因此，理顺各方关系对于依法、高效开展移民工作具有重要意义。

基于移民工作实践，笔者认为在新常态新形势下，四川省移民安置工作参与方可归纳为"三个主体五个方面"，即项目法人、地方政府和移民构成"三个主体"，加上各级移民管理机构和中介服务单位（综合设计、综合监理和独立评估）形成"五个方面"。移民工作是一项浩瀚的系统工程，关系复杂，搞好移民安置工作要探索规律、理顺关系、相互尊重，移民工作"三个主体五个方面"之间存在"横向、纵向和交叉关系"，并进一步将各方相互关系细分为"四大关系"——法律关系、工作关系、利益关系和监督关系。

为此，本书基于"三个主体五个方面"及"四大关系"相关理念，以四川省水利水电移民工作为例，从法律法规、政策实践等方面对开展移民工作主要相关方之间的"四大关系"作了进一步地分析和论证，并提出有关建议，为健全和完善我国水利水电工程移民安置工作体制和机制提供参考，为依法移民、依法行政提供技术支撑。

1.2　研究必要性

（1）进一步厘清各方关系是国家政策的客观要求。党的十八届四中全会通过了《中共中央关于全面推进依法治国若干重大问题的决定》，将依法治国提到了前所未有的高度，开启了我国全面依法治国的新征程。移民工作是一项政策性、法规性、社会性很强的工作，在国家依法治国的宏观要求下，依法移民也是开展水利水电工程移民工作的根本要求。遵循移民法律法规以及党中央、国务院制定的移民方针、重大原则及相关政策，在政府组织下做好移民工作是国家及地方各级政府和相关部门对移民工作开展的共同要求。移民工作涉及面广，参与方多，各方关系复杂，在国家对依法治国、依法移民的宏观要求下，厘清各参与方关系是依法移民政策的客观要求。

（2）进一步厘清各方关系是开展移民工作的现实需要。水利水电移民工作是一个多学科、多行业、多部门相互交叉的系统工程，也是一门社会科学，涉及省级人民政府及移民管理机构、各行业部门、市县级人民政府及移民管理机构、移民个体、项目法人、综合设计、综合监理、独立评估单位等多方、多个主体，移民工作涉及的多方面、各主体之间关系错综复杂、相互交织，各个方面、各个主体如何联系、如何依存、如何推进工作至关重要。各方职责分工不明确、问责机制不清晰都将阻碍移民工作的顺利开展，厘清各方关系已成为开展移民工作的现实需要。

（3）进一步厘清各方关系是推动移民工作可持续发展的必由之路。近几年，四川省水利水电工程移民工作在四川省委、省政府坚强领导下，省直相关部门通力协作，市县党政艰苦努力，水利水电项目法人、规划设计、监理评估单位积极参与，广大移民群众顾全大局，使四川省水利水电事业蓬勃发展，取得巨大成绩。然而，四川省当前面临巨大的移民安置任务，结合国家深化改革和依法治国的契机，对移民工作中的所有相关参与方关系进行具有普适性的整体、深入、系统梳理和研究，可以使移民工作有的放矢，使移民工作者充分理解和掌握移民工作的边界和分寸，内化于心方能外化于行。因此，系统性地厘清各方关系也是推动移民工作可持续发展的必由之路。

1.3 研究方法

（1）文献法。在研究初期，为了了解该研究领域的现状，为实地访谈与典型调研做准备，笔者搜集了大量的学术专著、论文、报告等相关文献，通过仔细、深入地阅读，了解现阶段四川省大中型水利水电工程移民安置实施阶段存在的利益相关方及各相关方之间存在的关系类型。

（2）访谈法。深度访谈又称无结构访谈或者自由访谈，它与结构式访谈相反，并不依据事先设计的问卷和固定的程序，而是只有一个访谈主题或范围，由访谈员与被访者围绕这个主题或范围进行比较自由的交谈。由于本书兼顾纵向性与横向性特征，访谈对象主要包括以下两类：①从访谈对象年龄分布来看，包括资深的水利水电移民工作者；②从行业分布来看，包括各级地方政府与移民管理机构、项目法人、设计单位、监理单位、独立评估单位、实施单位、行业部门等的移民工作人员。

（3）典型调研。选取大渡河流域的瀑布沟水电站等典型工程项目，通过座谈讨论、问卷调查等方式对移民安置实施过程中各方的关系进行典型调研，听取各方的意见和建议，对现存及需要建立完善的关系类型进行系统梳理。

（4）专家咨询法。在编制完成初稿之后，邀请相关咨询专家等对编制的初稿进行咨询和讨论，充分听取专家的意见，参照意见进行修改完善。

第2章　移民工作任务与特点

2.1　移民工作任务

2.1.1　总体工作任务

2.1.1.1　工程建设规模

四川是水利水电开发和移民工作大省，在建、新建工程建设征地移民人数居全国之首，水电装机容量约占全国常规水电装机容量的1/4，是名副其实的水电能源大省。素有"千河之省"的四川是中国西部水利水电开发和西电东送基地之一，全省分布河流1400多条，主要河流多流经峡谷，汹涌湍急，径流丰沛，落差巨大，水力资源极为丰富。根据2004年全国水力资源四川省复查成果，四川省水力资源理论蕴藏量约为1.435亿kW，技术可开发量达1.2亿kW，全国占比约为26%，是我国水力资源最丰富的省份。其中金沙江、雅砻江、大渡河流域集中了全省大部分的可开发水力资源，水量丰沛稳定，落差大而集中，年径流量约2050亿m³。全省水力资源按水系划分以金沙江、雅砻江、大渡河最为丰富，据不完全统计，其技术可开发量约占全省的80%左右，资源量巨大且集中（各流域在建水利水电项目情况详见表2.1）。其余水系（青衣江、岷江、沱江、涪江、嘉陵江、渠江等）河流多流经或靠近用电负荷中心，地理位置优越，交通方便，梯级电站大多为中、小型工程，许多具有近、中期开发条件。

2.1.1.2　移民安置规模

近年来，四川水力开发进程明显加快，水力资源已进入大规模、高强度、全流域密集开发的历史阶段。同时，作为水力资源开发进程中的重要组成部分和基础性、关键性工作，移民安置也越来越受到社会各界的广泛关注，社会影响加大。

表 2.1　　四川省各流域在建大型水利水电工程汇总表

序号	流域	代表工程	工程数量/个		装机容量/万 kW	库容/亿 m³	建设征地总面积/亩①	移民人口/人	
			水利	水电				生产安置	搬迁安置
1	大渡河	瀑布沟、泸定、大岗山等		11	1659	111.85	367832	119158	139751
2	嘉陵江	亭子口	1		110	34.68	180788	28506	21328
3	金沙江	溪洛渡、乌东德、向家坝、观音岩、阿海		4	2360	28.50	63816	38427	79645
4	岷江	毛尔盖、老木孔（拟建）、犍为、毗河一期、小井沟	2	3	132	10.70	154438	29777	27510
5	雅砻江	两河口、锦屏一级、锦屏二级、官地等		8	1669	198.21	280668	20659	18660

① 1亩≈667m²。

数据显示，自20世纪80年代至今，四川省境内涉及已建、在建、拟建的大型水利水电工程共计101个，其中，水利项目25个，水电项目76个，涉及金沙江、雅砻江、大渡河、岷江、嘉陵江、渠江、长江干流等流域；装机容量共约12212万 kW，库容约1534亿 m³，建设征地土地总面积约180万亩，规划移民生产安置人口约53万、搬迁安置人口约66万。因水库淹没等迁建了3座县城，包括二滩水电站涉及的盐边县城、瀑布沟水电站涉及的汉源县城以及向家坝水电站涉及的屏山县城。

本书重点以大型水利水电项目为对象，全面梳理分析了现阶段四川省内大型水利水电工程建设情况（表2.2～表2.4）。截至2013年6月，四川全省已建大型水利水电工程共计17个，包括水利项目8个，水电项目9个，装机容量共约853万 kW，库容约134亿

m³，建设征地土地总面积约 19.8 万亩，规划移民生产安置人口约 16 万、搬迁安置人口约 22 万。在建大型水利水电工程 29 个，包括水利项目 3 个，水电项目 26 个，装机容量共约 6096 万 kW，库容约 561 亿 m³，建设征地土地总面积约 105 万亩，规划移民生产安置人口约 25 万、搬迁安置人口约 29 万。

表 2.2　　　四川省大型水利水电工程建设情况汇总表

项目类型	建设阶段	数量/个	装机容量/万 kW	库容/亿 m³	建设征地土地总面积/亩	规划移民人口/人	
						生产安置人口	搬迁安置人口
水利项目	已建	8	92	43	163961	75088	157647
	在建	3	110	36	232505	42985	35284
	拟建	14	20	79	63331	18594	36211
水电项目	已建	9	761	90	34877	89533	69217
	在建	26	5980	525	817021	207305	263491
	拟建	41	5244	760	489845	97694	102485
合计	已建	17	853	134	198838	164621	226864
	在建	29	6096	561	1049526	250290	298775
	拟建	55	5264	839	553176	116288	138696

注　1. 根据四川省扶贫和移民工作局《关于四川省大中型水利水电工程移民基本情况的报告》整理而成，数据统计截止时间为 2013 年 6 月。

2. 建设阶段分为已建、在建和拟建三个阶段，其中已全部完成移民安置、已全部纳入后期扶持的为已建阶段；项目已批准移民安置规划启动移民安置实施为在建；已启动工程前期工作、移民安置规划尚未审批的为拟建项目。

3. 拟建项目规划移民人口数据为初步统计成果，可能与实际移民总量有所出入。

表 2.3　　　四川省已建、在建大型水电工程建设情况列表

建设阶段	项目名称	装机容量/万 kW	库容/亿 m³	建设征地土地总面积/亩	规划移民人口/人	
					生产安置人口	搬迁安置人口
已建项目	二滩	330	58		45812	
	铜街子	60	2	15679	8935	25836
	龚嘴	70	3.1	4229	9280	5128
	宝珠寺	70	25.5		20829	32838
	福堂	36			209	
	太平驿	26	0.075		258	73
	深溪沟	66	0.32	2568	141	167

续表

建设阶段	项目名称	装机容量/万 kW	库容/亿 m³	建设征地土地总面积/亩	规划移民人口/人	
					生产安置人口	搬迁安置人口
已建项目	龙头石	70	1.347	11249	3938	4920
	江边	33	0.0133	1152	131	255
在建项目	瀑布沟	360	50.64	148170	92256	107965
	泸定	92	2.2	14840	4096	3992
	沙湾	48	0.63	13170	2737	6073
	大岗山	260	7.42	27251	4218	5214
	猴子岩	170	7.06	21390	1679	2094
	长河坝	260	10.15	21750	422	1629
	安谷	77.2	0.64	26889	7128	4535
	黄金坪	85	1.28	9121.69	1409	1507
	双江口	200	31.15	76279	4525	5940
	溪洛渡	1386	126.7	29800	25731	26240
	向家坝	640	49.7	26229	26437	61302
	观音岩	300	20.72	6457	378	378
	阿海	200	8.79	1330	52	228
	毛尔盖	42	5.35	21710	2302	2517
	锦屏一级	360	77.6	15211	10062	10454
	锦屏二级	480	0.19	1335		
	官地	240	7.52	23627	2096	2202
	桐子林	60	0.72	8059	177	269
	卡基娃	44	3.583	18420	656	969
	立洲	34.5	1.787	9778	469	658
	两河口	300	101.54	187090	5953	6820
	杨房沟	150	5.27	19132	838	666
	枕头坝一级	72	0.47	5243	628	632
	沙坪二级	34.8	0.21	3728	60	170
	老木孔	40	1.421	50987	7714	7455
	犍为	50	2.27	30024	5282	3582

注 根据四川省扶贫和移民工作局《关于四川省大中型水利水电工程移民基本情况的报告》整理而成,数据统计截止时间为 2013 年 6 月。

表 2.4　　四川省已建、在建大型水利工程建设情况列表

建设阶段	项目名称	装机容量/万 kW	库容/亿 m³	建设征地土地总面积/亩	规划移民人口/人	
					生产安置人口	搬迁安置人口
已建项目	大洪河	3.5	2.16	32000	28660	31871
	黑龙滩		3.6	15476	26139	14974
	大桥水库	12	6.5	19815		12167
	升钟		13.9	31400		21000
	三岔		2.287	29935	6121	31955
	紫坪铺	76	11.12	28200	11247	38096
	宝石桥		1	7135	2921	7584
	鲁班		2.78			
	小计	92	43	163961	75088	157647
在建项目	亭子口	110	34.68	180788	28506	21328
	小井沟		1.66	27737	7249	7222
	毗河一期			23980	7230	6734
	小计	110	36	232505	42985	35284

注　根据四川省扶贫和移民工作局《关于四川省大中型水利水电工程移民基本情况的报告》整理而成，数据统计截止时间为 2013 年 6 月。

　　此外，据不完全统计，除上述已建、在建的水利水电项目，四川省规划拟建的大型水利水电工程还有 55 座，其中：水利项目 14 个，水电项目 41 个，装机容量约 5264 万 kW，库容约 839 亿 m³，涉及建设征地土地面积 55 万亩以上，移民总量将大幅增长。

　　拟建项目主要涉及金沙江、雅砻江、大渡河流域，若"三江"干流水力资源全部开发，四川全省移民总量将新增数十万人，并且随着水电开发逐步向流域上游发展，移民工作也不断深入少数民族地区，数以万计的移民中，少数民族人口占比逐渐增加，又会为移民工作带来新的问题与挑战。

　　四川省是全国水利水电开发和移民工作大省，预计未来几年全省水利水电移民总量将持续攀升，随着金沙江、雅砻江、大渡河、岷江流域一大批大中型水利水电工程的开工建设，省内水利水电开发逐步向偏远高山峡谷发展，向江河上游延伸，向"三州"（凉山

彝族自治州、阿坝藏族自治州、甘孜藏族自治州）少数民族腹心地区和界河挺进，移民搬迁安置人数不断增长，受区域地域条件、社会经济发展、民族宗教等因素影响，移民安置工作难度将持续增加，移民工作在新环境形势和挑战下仍面临着众多问题。

2.1.2　各阶段工作任务

为了更加清晰地梳理不同时期四川省水电开发及移民安置任务与规模，分析移民安置任务的变化发展情况并总结安置过程中存在的问题，本书以国家及四川省移民政策发展为线索，以主要移民政策出台时间为要素，将移民安置划分为 4 个发展阶段（表 2.5），在此基础上，结合四川省扶贫和移民工作局 2014 年《关于四川省大中型水利水电工程移民基本情况的报告》中的统计数据，重点梳理分析出各阶段四川省内大型水利水电工程开发规模及移民安置任务，具体如下。

表 2.5　　大渡河流域移民安置工作阶段划分情况表

阶段划分	代表性电站	主要移民政策
1982 年以前	龚嘴水电站	参照 1958 年国务院颁布实施的《国家建设征用土地办法》规定执行
1982—1991 年	铜街子水电站	国务院 1982 年公布施行的《国家建设征收土地条例》
1991—2006 年	瀑布沟、龙头石、深溪沟、沙湾	1991 年《大中型水利水电工程建设征地补偿和移民安置条例》（国务院令第 74 号）的颁布和实施
2006 年以后	瀑布沟、龙头石、深溪沟	2006 年颁布的《大中型水利水电工程建设征地补偿和移民安置条例》（国务院令第 471 号）；《水电工程建设征地移民安置规划设计规范》（DL/T 5064—2007）为代表的"1+7"系列规范
	双江口、金川、猴子岩、长河坝、黄金坪、泸定、硬梁包、大岗山、沙坪二级、安谷	
	下尔呷、卜寺沟、安宁、巴底、丹巴、达维、老鹰岩一级、老鹰岩二级、枕头坝二级、沙坪一级、巴拉	

2.1.2.1　1982 年以前的移民工作任务

本阶段，国家尚无指导移民安置规划设计和实施工作的国家性政策和规范，移民工作主要参照 1958 年国务院颁布实施的《国家建设征用土地办法》规定执行。该时期共兴建水利水电工程 7 座，包括龚嘴水电站、鲁班水库、宝石桥水库、大洪河水库等，涉及装机约 73.5 万 kW，库容约 28 亿 m³，建设征地面积约 12 万亩，规划生产安置人口约 7.3 万，搬迁安置人口约 11.3 万，见表 2.6。

表 2.6　四川省大型水利水电工程建设情况一览表（1982 年以前）

序号	工程名称	工程类型	建设阶段	工程规模	装机容量/万 kW	库容/亿 m³	建设征地土地总面积/亩	规划移民人口/人	
								生产安置人口	搬迁安置人口
1	龚嘴	水电	已建	大型	70	3.1000	4229	9280	5128
2	大洪河	水利	已建	大型	3.5	2.1600	32000	28660	31871
3	黑龙滩	水利	已建	大型		3.6000	15476	26139	14974
4	升钟	水利	已建	大型		13.9000	31400		21000
5	三岔	水利	已建	大型		2.2870	29935	6121	31955
6	宝石桥	水利	已建	大型		1.0000	7135	2921	7584
7	鲁班	水利	已建	大型		2.7800			

注　1. 根据四川省扶贫和移民工作局《关于四川省大中型水利水电工程移民基本情况的报告》整理而成，数据统计截止时间为 2013 年 6 月。

　　2. 建设阶段分为已建、在建和拟建三个阶段，其中已全部完成移民安置，已全部纳入后期扶持的为已建阶段；项目已批准移民安置规划启动移民安置实施为在建；已启动工程前期工作，移民安置规划尚未审批的为拟建项目。

这一时期，国家尚处于计划经济时代，我国水库移民工作尚处于探索阶段，国家和四川省尚未设置或成立专门的移民管理机构和规范的管理体制，水电工程移民补偿政策也不健全。而水库移民工作主要靠政治动员、行政命令的方式进行，移民工作主要依托行政指令和政治动员的方式开展，完全是以政府为主导的工程非自愿移民行为，移民补偿一般按人头或满足基本生产生活条件即可。四川省以龚嘴水电站为典型代表工程（图 2.1），移民安置由地方政府在实施阶段负责安置。

图 2.1　龚嘴水电站建设老照片

2.1.2.2　1982—1991 年的移民工作任务

该时期内，国家颁布实行了一系列移民政策文件，包括《关于抓紧处理水库移民问题的通知》，将移民行政法规上升为法律法规，并随即颁布实施第一个规范《水利水电工程水库淹没处理设计规范》（SD 130—1984）用于指导移民安置规划设计工作，移民实施主体仍然为地方政府部门。

四川省响应国家政策要求，先后出台了《四川省土地管理暂行条例》（1982 年）、《四川省〈中华人民共和国土地管理法〉实施办法》（1987 年）等政策条例，移民工作有了独立、完整、政策性的规划设计工作规范和指导性文件。在此期间，全省共兴建水利水电工程 2 座，包括铜街子水电站和宝珠寺水电站，共涉及建设征地面积约 15679 亩，规划生产安置人口约 52935 人，搬迁安置人口约 25836 人，见表 2.7。装机约 130 万 kW，库容约 2 亿 m^3，建设征地面积约 15679 亩，规划生产安置人口约 52935 人，搬迁安置人口约 25836 人，见表 2.7。

表 2.7　四川省大型水利水电工程建设情况一览表（1982—1991 年）

序号	工程名称	工程类型	建设阶段	工程规模	装机容量/万 kW	库容/亿 m³	建设征地土地总面积/亩	规划移民人口/人	
								生产安置人口	搬迁安置人口
1	铜街子	水电	已建	大型	60	2.0000	15679	8935	25836
2	宝珠寺	水电	已建	大型	70			44000	

　　该时期以铜街子水电站为代表工程（图 2.2），移民安置实施工作以地方政府为主负责组织实施，随着"条块结合，以块为主"管理模式的确立，上级政府及管理部门及行业部门参与决策、监督的作用日渐加强。但该时期内移民工程设计深度严重滞后于枢纽工程设计深度，设计领域"重工程、轻移民"现象十分严重；集镇迁建和专业项目处理基本以地方政府为主，主体设计单位仅配合地方政府开展工作，主体设计单位职能相对弱化。

图 2.2　铜街子水电站现状照片

2.1.2.3　1991—2006 年的移民工作任务

　　该时期，在总结以前几十年移民工作经验基础上，移民政策法规进一步完善健全，国家层面，颁布实行了《大中型水利水电工程建设征地补偿和移民安置条例》（国务院令第 74 号），首次明确并提出了"国家提倡和支持开发性移民，采取前期补偿、补助与后期生产扶持的办法""经批准的移民安置规划，由县级以上地方人民政府负责实施，工程竣工后，由该工程的主管部门会同移民安置区县级以上地方人民政府对移民安置工作进行检查和验收"等对移民安置规划和实施程序的总体要求。并在随后配套出台了《水电工程水库淹没处理规划设计规范》（DL/T 5064—1996），为移民工作提供了较为完善和细致的工作准则和具体的措施办法。

四川省在此基础上，结合省内实际，也相继出台《四川省大型水电工程建设征地补偿和移民安置办法》（四川省人民政府令第47号）、《四川省大型水电站移民工程投资计划管理办法》等管理办法、规定。该时期，全省共兴建水利水电工程 10 座，包括龙头石水电站、紫坪铺水电站、溪洛渡水电站等，共涉及装机约 2578 万 kW，库容约 160 亿 m³，建设征地面积约 265615 亩，规划生产安置人口约 177281 人，搬迁安置人口约 194759 人，见表 2.8。

表 2.8　四川省大型水利水电工程建设情况一览表（1991—2006 年）

序号	工程名称	工程类型	建设阶段	工程规模	装机容量/万 kW	库容/亿 m³	建设征地土地总面积/亩	规划移民人口/人	
								生产安置人口	搬迁安置人口
1	二滩	水电	已建	大型	330			45812	
2	福堂	水电	已建	大型	36			209	
3	太平驿	水电	已建	大型	26			258	
4	大桥水库	水利	已建	大型	12	6.5000	19815		12167
5	龙头石	水电	已建	大型	70	1.3470	11249	3938	4920
6	紫坪铺	水利	已建	大型	76	11.1200	28200	11247	38096
7	瀑布沟	水电	在建	大型	360	50.6400	148170	86361	104474
8	沙湾	水电	在建	大型	48	0.6300	13170	2737	6073
9	溪洛渡	水电	在建	大型	1260	12.6700	29800	16249	21953
10	锦屏一级	水电	在建	大型	360	77.6000	15211	10470	7076

在此期间兴建的水利水电项目跨越两个不同阶段，处于新老条例规定的两个不同政策交叉时期，历经、见证并实践了移民安置实

施与管理体制的变革。该时期已明确了移民安置实施工作实行"政府负责、投资包干、业主参与、综合监理"的管理模式，且经批准的移民安置规划，由县级以上地方人民政府负责实施，对各方工作职责做了更加细致的要求。该时期内开工建设项目以龙头石、瀑布沟前期、深溪沟、沙湾等水电站为代表（图 2.3），移民工程的实施均以地方政府或行业主管部门为主体组织开展，电站业主基本不参与移民工程实施。

图 2.3　龙头石水电站坝址现状全景图

2.1.2.4　2006 年以后的移民工作任务

该时期，随着水电站工程建设和移民工作的不断深化，国务院 74 号令和配套的《水电工程水库淹没处理规划设计规范》（DL/T 5064—1996）已经不再适应当前的移民工作进展。2006 年，在总结当前移民工作需求和实践工作经验基础上，国家颁布了《大中型水利水电工程建设征地补偿和移民安置条例》（国务院令第 471 号），明确提出"移民安置工作实行政府领导、分级负责、县为基础、项目法人参与的管理体制""已经成立项目法人的大中型水利水电工程，由项目法人编制移民安置规划大纲，按照审批权限报省、自治区、直辖市人民政府或者国务院移民管理机构审批""由项目法人根据经批准的移民安置规划大纲编制移民安置规划"等一系列的移民安置规划设计和实施管理体系的指导性要求，并随后更新配套了以《水电工程建设征地移民安置规划设计规范》（DL/T 5064—2007）为代表的"1＋7"系列规范。

四川省在此期间也相继出台了《四川省人民政府关于贯彻国务院水库移民政策的意见》（川府发〔2006〕24号）、《关于在全省大中型水利水电工程试行先移民后建设有关问题的通知》（川扶贫移民规安〔2010〕202号）、《四川省〈大中型水利水电工程建设征地补偿和移民安置条例〉实施办法》（四川省人民政府令第268号）、《四川省大中型水利水电工程移民安置监督评估管理办法》（川扶贫移民发〔2013〕443号）等文件和规定。移民工作管理体系更加系统化、细致化，更具备可操作意义。该时期，截至2013年，全省共兴建水利水电工程27座，包括泸定水电站、大岗山水电站、猴子岩水电站等，共涉及装机约4001万kW，库容约214亿m³，建设征地面积约844872亩，规划生产安置人口约115087人，搬迁安置人口约144249人，见表2.9。

表2.9　四川省大型水利水电工程建设情况一览表（2006年以后）

序号	工程名称	工程类型	建设阶段	工程规模	装机容量/万kW	库容/亿m³	建设征地土地总面积/亩	规划移民人口/人	
								生产安置人口	搬迁安置人口
1	深溪沟	水电	已建	大型	66	0.3200	2568	141	167
2	泸定	水电	在建	大型	92	2.2000	14840	4096	3992
3	大岗山	水电	在建	大型	260	7.4200	27251	4218	5214
4	猴子岩	水电	在建	大型	170	7.0600	21390	1679	2094
5	长河坝	水电	在建	大型	260	10.1500	21750	422	1629
6	安谷	水电	在建	大型	77.2	0.6400	26889	7128	4535
7	黄金坪	水电	在建	大型	85	1.2800	9121.69	1409	1507
8	双江口	水电	在建	大型	200	2.7300	76279	4525	5940

续表

序号	工程名称	工程类型	建设阶段	工程规模	装机容量/万 kW	库容/亿 m³	建设征地土地总面积/亩	规划移民人口/人	
								生产安置人口	搬迁安置人口
9	向家坝	水电	在建	大型	600	4.9700	26229	21748	57086
10	观音岩	水电	在建	大型	300	2.0700	6457	378	378
11	阿海	水电	在建	大型	200	8.7900	1330	52	228
12	毛尔盖	水电	在建	大型	42	5.3500	21710	2302	2517
13	亭子口	水利	在建	大型	110	34.6800	180788	28506	21328
14	锦屏二级	水电	在建	大型	480	0.1900	1335	0	0
15	官地	水电	在建	大型	240	7.5200	23627	2096	2202
16	桐子林	水电	在建	大型	60	0.7200	6075	177	269
17	江边	水电	已建	大型	33	0.0133	1113	131	255
18	卡基娃	水电	在建	大型	44	3.5830	18420	656	969
19	立洲	水电	在建	大型	34.5	1.7870	9778	469	658
20	小井沟	水利	在建	大型		1.6600	27737	7249	7222
21	两河口	水电	在建	大型	300	101.5400	187090	5953	6820
22	杨房沟	水电	在建	大型	150	5.2700	19132	838	666
23	枕头坝一级	水电	在建	大型	72	0.4700	5243	628	632
24	沙坪二级	水电	在建	大型	34.8	0.2100	3728	60	170
25	老木孔	水电	在建	大型	40	1.4210	50987	7714	7455
26	犍为	水电	在建	大型	50	2.2700	30024	5282	3582
27	毗河一期	水利	在建	大型			23980	7230	6734

　　该时期不再强调投资包干的责任，移民安置实施工作分工体系已较为完善。从"政府领导、分级负责、县为基础、项目法人参与"发展为"政府领导、分级负责、县为基础、项目法人和移民参与、规划设计单位技术负责、监督评估单位跟踪监督"的管理模式。该时期移民工作以瀑布沟水电站、两河口水电站为代

表（图 2.4 和图 2.5），移民安置实施主体仍为地方人民政府，但电站项目法人、设计单位也积极参与移民工程建设工作，出现众多移民工程由电站项目法人、设计单位受地方人民政府委托开展代建。

图 2.4　瀑布沟水电站

图 2.5　两河口水电站

综上所述，四川省水利水电开发项目自 20 世纪 80 年代至今，不断蓬勃发展，尤其是 2006 年之后，项目建设数量有较大上涨，据不完全统计，仅 2006—2013 年期间已建、在建的水利水电项目就有 27 个，占省内已建在建大型水利水电项目的 59% 左右（图 2.6），建设征地范围、涉及的移民安置人口规模也逐步增长。具体变化趋势见图 2.7～图 2.9。

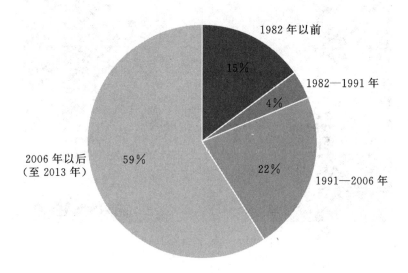

图 2.6　四川省大中型水利水电工程各时期
工程建设数量对比图

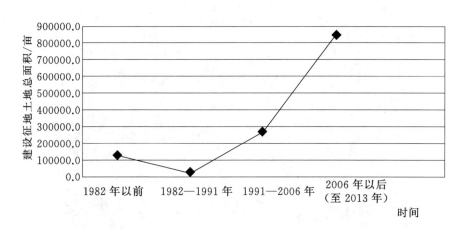

图 2.7　建设征地土地面积变化图

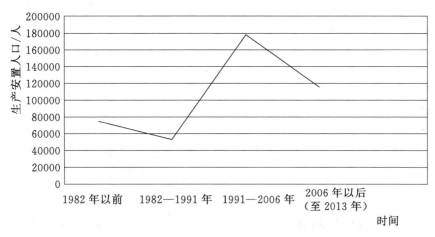

图 2.8 移民生产安置人口规模变化图

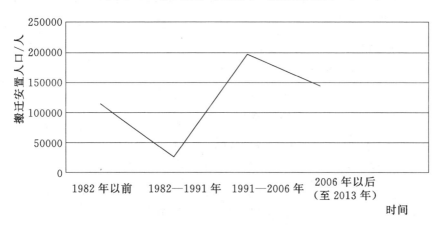

图 2.9 移民搬迁安置人口规模变化图

2.2 现阶段移民工作特点

水电开发是促进社会经济发展的重要手段，移民工作是保障水电开发顺利进行的重要环节。相比于 20 世纪 80 年代，现阶段移民工作已形成一套较为完善的政策体系，指导各方依法依规开展工作，移民搬迁也统一进行规划，统一组织搬迁与复建。也正因如此，移民工作涉及的单位部门群体较多，移民、政府、行业主管部门、项目法人等都参与其中，各方的利益与诉求多且不同，相互之间关系较为繁杂，需要有效的协调机制得以平衡。另外，移民工作在平衡协调各方诉求与利益的过程中，将伴随着诸多变更事项的发生，再加之处理流程较为复杂，导致整个移民工作的时间跨度较长，少则几年，多则十几年。本书在总结四川全省各大水利水电工程移民工作实施经验的基础上，梳理出移民工作主要特点如下。

（1）移民工作政策性强，受政策影响大。党的十八大以来，国家、各省（自治区、直辖市）纷纷贯彻依法治国的理念，而水库移民工作作为依法治国的一个方面，因其工作牵涉范围广泛、各方关系庞杂、涉及部门众多、工作程序复杂等特点，更需要用强制力进行约束，实现依法移民。现阶段，移民工作秉承"依法治国"的基本方针，越来越强调依法移民的理念，也由此引出移民工作政策性强的特点。

我国现行的水利水电移民工作法规——《大中型水利水电工程建设征地补偿和移民安置条例》（国务院令第 471 号），从安置规划、征地补偿、移民安置、后期扶持、监督管理、法律责任等方面做出具体规定；同时，条例从保护移民合法权益、维护社会稳定的原则出发，对实施各方的工作职责、享有权利等也做出明确规定，明确了"移民安置工作实行政府领导、分级负责、县为基础、项目法人参与的管理体制""县级以上地方人民政府负责本行政区域内大中型水利水电工程移民安置工作的组织和领导；省、自治区、直辖市人民政府规定的移民管理机构，负责本行政区域内大中型水利水电工程移民安置工作的管理和监督""县级以上人民政府应当加强对下级人民政府及其财政、发展改革、移民等有关部门或者机构拨付、使用和管理征地补偿和移民安置资金、水库移民后期扶持资金的监督""签订移民安置协议的地方人民政府和项目法人应当采取招标的方式，共同委托有移民安置监督评估专业技术能力的单位对移民搬迁进度、移民安置质量、移民资金的拨付和使用情况以及移民生活水平的恢复情况进行监督评估；被委托方应当将监督评估的情况及时向委托方报告"。

四川省在国家政策基础上，结合省内工作情况及水库经验，先后发布了多项移民政策法规，包括《四川省人民政府完善大中型水利水电工程移民后期扶持政策的意见》（川府发〔2005〕28号）、《四川省人民政府关于贯彻国务院水库移民政策的意见》（川府发〔2006〕24号）、《四川省〈大中型水利水电工程建设征地补偿和移民安置条例〉实施办法》（四川省人民政府令第268号）、《四川省大中型水利水电工程移民安置监督评估管理办法》（川扶贫移民发〔2013〕443号）、《四川省大中型水利水电工程移民工作条例》（NO：SC122711）等一系列政策法规，用于规范省内移民工作流程及各方职责。

　　最新出台的《四川省大中型水利水电工程移民工作条例》就水电站移民工作相关各方的主要职责与关系做了明文规定，例如：第二十四条规定"大型水电工程和跨市（州）的大型水利工程开工前，项目法人应当与省人民政府或者其委托的移民管理机构签订移民安置协议。中型水利水电工程和不跨市（州）的大型水利工程开工前，项目法人应当与市（州）人民政府或者其委托的移民管理机构签订移民安置协议""省人民政府与市（州）人民政府应当签订移民安置项目责任书，市（州）人民政府与县（市、区）人民政府应当签订移民安置项目责任书"；第二十五条规定"省人民政府移民管理机构负责大型水电工程和跨市（州）的大型水利工程移民安置实施阶段综合设计单位和技术咨询审查机构的委托；市（州）人民政府移民管理机构负责中型水利水电工程和不跨市（州）大型水利工程移民安置实施阶段综合设计单位和技术咨询审查机构的委托""签订移民安置协议的移民管理机构与项目法人应当通过招标方式共同委托移民安置综合监理单位和独立评估单位"。诸如此类的条文使得移民安置从前期调查、规划编制到实施阶段的监督评估、设计变更等全过程的有关事项均有据可依。

　　同时，该条例还对移民所享有的权利也做了更加细致的规定，第三十七条赋予了移民远迁后对红线外属于个人承包的耕地、林地、园地等土地资源进行处置的权利，"鼓励农村集体经济组织和个人通过流转经营权等方式，对移民远迁后，在建设征地红线外且在原农村集体经济组织范围内，属于移民个人承包的耕地、园地、林地、草地等土地资源进行妥善处置"。当移民合法权益受到侵害，"可以依法向县级以上地方人民政府或者其移民管理机构反映""移民也可以依法向人民法院提起诉讼"。

　　除上述国家及省级层面的规定之外，地方政府及有关各方结合电站实际情况，为了解决特定问题而制定下发的文件，也都作为该电站移民安置工作的依据。例如：瀑布沟水电站在安置实施过程中，移民没有感受到当时实行的后期扶持政策优惠，后期扶持项目建成效益不突出，老百姓得到的实际优惠不明显。针对库区移民对后期扶持实施效果不满意的情况，四川省人民政府及移民管理机构专题研究并出台了一系列后扶相关的移民文件，包括：《四川省人民政府办公厅关于瀑布沟水电站农村移民后期扶持试点意见》（川府办发电〔2005〕25 号），《四川省人民政府大型水电工程移民办公室关于印发〈瀑布沟水电站移民户资金支付管理办法〉的通知》（川移发〔2005〕67 号），《四川省人民政府大型水电工程移民办公室关于印发〈瀑布沟水电站农村移民后期扶持资金发放办法〉的通知》（川移发〔2005〕117 号）等，都作为瀑布沟电站在移民安置实施过程中的工作依据。其中，《四川省人民政府办公厅关于瀑布沟水电站农村移民后期扶持试点意见》（川府办发电〔2005〕25 号）规定"将原来主要对库区和安置区进行生产性扶持调整为主要对农村移民进行生活补助，后期扶持资金直补到移民个人"，由此，瀑布沟水电站农村移民自搬迁之日起，即实行"货币兑现，直补到人"，享受每人每月 50 元，为期 20 年的后期扶持政策，成为全国首个实行直补到人的方式进行后期扶持的项目，此后，该条规定被国务院 471 号令采纳，在全国范围内推广实施。

　　另外，移民工作实行政府领导、分级负责、县为基础、项目法人参与的管理体制，一定程度上具有政府导向性，安置过程中受到政策影响较大，政策调整后，需要调整相应的工作措施与方法，解决新旧政策之间的衔接问题。例如：1997 年出台的《水电工程水库淹没处理规划设计规范》（DL/T 5064—1996）规定大体积建筑物和构筑物的清理范围为"正常蓄水位至死水位（含极限死水位）以下 2m 范围内"，而 2007 年更新的《水电工程建设征地移民安置规划设计规范》（DL/T 5064—2007），代替了原有的 DL/T 5064—1996，对大体积建筑物和构筑物的清理范围进行了调整，规定"大体积建（构）筑物留体清理范围为居民迁移线以下至死水位（含极限死水位）以下 3m 范围内"。因为专业规范的细部调整，部分电站，如锦屏水电站、瀑布沟水电站都对库底清理方案进行了调整，在实施规划报告中也以最新的行业规范要求作为实施工作依据。移民工作不仅要遵照移民行业规范，还要参考其他行业规划标准，如等级公路建设标准、市政规划要求、物价水平等，类似因素的变化也会相应地影响到移民工程的调整和变更。移民工作周期较长，期间政策法规、行业规范变化的可能性较大，实施过程中因政策调整而产生的变更事项较为多见。

（2）工作相关方众多，利益诉求点各异。移民工作管理体系涉及相关各方众多，包括中央政府、地方政府、项目法人、移民、设计单位、监督评估单位及其他职能部门。

中央政府站在全民或国家的立场上作决策，为全民谋福利，在水库移民问题上目标取向与移民目标取向一致。在决策过程中，中央政府往往需要将国家利益、集体利益与移民个人利益高度融合，顾全大局，视角更为宏观。中央政府在满足经济发展的同时，也旨在提高移民群众生产生活水平，帮助其适应社会发展新趋势。移民则站在更加微观个体的立场上，相比于中央政府，他们更倾向于个人或家庭目标的需求，衣食无忧、收入来源有所保障、生活水平逐步提升是他们更为注重的需求与目标。在实施阶段，如何将中央政府的宏观目标有效落实并合理体现在地方发展及移民诉求实现中，是移民安置顺利实施的关键因素之一。

地方政府负责本行政区域内大中型水利水电工程移民安置工作的组织和领导，是"政府领导、分级负责、县为基础、项目法人参与"管理体制中不可或缺的一部分。亚洲开发银行曾在其《移民手册》（1988）中提到"在中国，几乎所有移民方面的责任都交给市或地区政府"，这种政府管理移民的模式是与我国当前的国情以及社会管理模式密切相关的，将移民纳入政府管理范畴，可以较好地保障移民今后的生产和生活。在实施过程中，以"以人为本，保障移民的合法权益，满足移民生存与发展的需求"以及"因地制宜、统筹规划"等为原则，地方政府在全面贯彻执行国家政策规定的基础上，既要考虑地方经济稳定发展，也要保证本区域内移民群众的合法权益得到保护。这一特点决定了地方政府作为实施主体，在做出决策时往往得兼顾这三方面的利益，在这三者之间进行相机决策，在出现利益冲突时，要及时协调平衡。

项目法人作为电站投资者，拥有电站开发、使用与收益权，需要对电站的内部投资收益负责，以达到最满意的综合收益。在市场经济体制下，项目法人是企业，遵循市场规律，也要履行企业对于社会服务的责任，服务于地方发展。项目法人的征地和拆迁是企业行为，由于受"经济人"影响，移民会有要争取较高补偿的倾向，而项目法人则希望能以较少的投资实现妥善安置，以增强投资收益。另外，地方政府与项目法人之间也处在不断寻求利益平衡点的状态，地方政府希望电站建设能够有效地带动地方经济发展，能够通过移民资金的投入来发展地方经济，这一点与项目法人减少投资、提质增效的诉求有所不同。因此移民、地方政府和项目法人在一定程度上相互之间是一对矛盾统一体。这对矛盾的解决过程就是一个博弈、协商的过程，是利益相关者利益均衡的过程。水利水电工程的项目法人作为一个利益集团，有其自身的利益追求，它所关心的包括项目经济效益以及项目所产生的社会效应等整体效应，但在实施阶段，往往更侧重于项目本身的经济效益方面。而在国家"以人为本"的科学发展观前提下，项目法人又必须处理好水电工程与移民利益的关系。在移民工作中，项目法人负责移民补偿资金的筹措，地方政府负责移民安置的实施。如何在三者之间形成最为有效的协同关系，是一个持续不断的博弈与协商的过程。

移民作为水利水电工程直接影响的群体，在现有的移民政策体系下，不论是国家，还是地方政府，都充分考虑到移民群众的权益保障。国务院 471 号令中明确提出移民工作要以"保障移民的合法权益，满足移民生存与发展的需求"为原则实施，四川省最新出台的《四川省大中型水利水电工程移民工作条例》也明确指出："编制移民安置规划大纲和移民安置规划应当以移民实际困难和问题为导向，与城乡建设总体规划相衔接，为移民增收致富和地方经济社会可持续发展创造条件"，其中还明确了关于保障移民的知情权、监督权、申诉权等多项权益的内容。诸如此类的政策规定旨在最大程度上保障维护移民群众的权利与义务，为移民安置后的生活生产水平恢复及提高创造条件。移民，在一定程度上也是"经济人"，作为移民工作实施对象，将追求个人利益最大化作为其目标，希望征地搬迁后的生活生产水平有所提高。在实施阶段，移民实际享受到的搬迁收益可能未达到其预期诉求，导致失衡问题。一方面，从搬迁收益的角度，移民通过水利水电建设征地和拆迁，可以获得相应的利益补偿，改变现有的生产和生活方式，离开公共设施和基础设施不完善的乡村，水利水电建设征地和拆迁对于他们来说，在这一点上也是一个好的契机；另一方面，从搬迁成本的角度，农民在水利水电建设和拆迁中失去了赖以生存的土地，并丧失了依附于土地的相关权益，如土地收益权、土地处置权等，同时打破了他们对熟悉环境的依赖，他们的社会关系也会受到影响或打破，生存成本增加。从农民的角度看，由于受其自身视野的局限，对于搬迁收益往往缺少全面观察和考虑，更加在意因失地引起的成本及损失，这使得农民在征地过程中可能会产生一种抵触情绪。现阶段水利水电工程建设征地和拆迁中冲突产生的根源是未能有效控制不利影响的产生，缺乏利益主体之间利益协调机制。

除此之外，移民工作还涉及规划设计单位、监督评估单位以及各行业主管部门。设计单位是水电工程移民安置实施管理工作中的重要组成部分，受省级移民主管机构委托，负责水电工程移民实施组织工作中的技术牵头，并配合做好移民安置规划的实施工作。设计单位负责开展建设征地移民安置规划，最早涉足移民实物指标调查、移民意愿调查等工作，对移民情况最为了解；在实施组织工作中，设计单位充分发挥技术归口、技术指导的作用，为实施工作中遇到的问题提供及时有效、科学合理的技术支持。此外，设计单位严格按照规划设计规范要求，应充分兼顾项目法人与移民利益，合理制定规划。监督评估单位作为独立第三方，受项目法人和省级移民管理部门委托，对移民安置过程中及安置后的效果进行定期的监督评估。监督评估单位是水电工程移民安置实施管理工作中的重要组成部分，在移民实施组织工作中充分发挥监督协调的作用，其重要性体现在两个方面：其一，国务院471号令明确规定"国家对移民安置实行全过程监督评估""签订移民安置协议的地方人民政府和项目法人应当采取招标的方式，共同委托有移民安置监督评估专业技术能力的单位对移民搬迁进度、移民安置质量、移民资金的拨付和使用情况以及移民生活水平的恢复情况进行监督评估"。其二，作为独立的第三方，监督评估单位以"客观、公正、科学、合理"的工作原则，保证监督评估成果的真实性和客观性，帮助项目法人及移民主管部门对移民安置实施情况进行全面的监督管理。

其他行业主管机构、管理部门，例如国土、交通、电力、通信、企业、环保、水利、林业、宗教、文化等部门，负责在各自职责范围内做好移民相关工作。但在实施阶段，由于不同行业之间政策规范要求不尽相同，立场及诉求不同，行业部门为了推动电站建设出台的规定政策可能会与移民政策产生冲突，在实施阶段，必须做好行业部门与移民工作的协调沟通工作。

（3）实施条件多变，变更事项繁多。移民工作实施所依据的边界条件众多，不仅要按照国家及各级地方出台的政策文件，还要遵照移民行业及其他行业部门的实施规程规范，移民意愿也是移民工作的开展基础，因此，每一项移民工作在实施中，受限因素较多、边界条件多变。因边界条件的变化而导致的变更事项层出不穷，例如安置方案的变更、工程设计的变更、补偿单价的调整等，变更程序较为复杂，也在一定程度上增加了移民工作的复杂性。

移民工作中较为常见的边界因素变化主要包括移民意愿变化、地方规划调整、移民政策规范变化、社会经济发展等。移民意愿变化在移民工作中普遍发生，虽然移民安置规划阶段，移民安置规划方案都需要征求移民意愿，但由于移民安置实施时间跨度较长，随着周围环境的变化、补偿政策变化以及其他因素影响，移民会改变对安置方式和去向的看法和认识，也容易受其他移民改变安置方式的影响，形成多米诺骨牌效应，进而导致安置方式的调整变化。地方规划调整由于移民安置规划到移民安置实施时间跨度较长，地方政府经历领导班子换届或地方经济不断发展的要求，存在各行业发展规划或地方经济发展规划的变化，例如原有淹没影响的县道，地方交通主管部门通过规划调整到实施阶段已为省道，导致地方政府强烈要求提高道路建设标准；或随着社会经济的发展，地方政府希望将原有规模较小的安置点集中打造，以推进地方经济和城镇化发展。这些诉求的提出势必影响到移民工作的进展，同时也可能导致规划内容的变化调整。移民政策规范变化也是较为普遍的边界条件变化情况，由于移民工作时间期限较长，在此期间政策及有关行业规范、标准等依据性文件发生调整，即会导致变更事项的发生。例如，瀑布沟电站移民安置实施自 2005 年起至今，经历了新旧政策规范的交替阶段。2006 年，国务院颁布了国务院 471 号令，随后四川省出台了《四川省关于贯彻国务院水库移民政策的意见》（川府发〔2006〕24 号）。新的移民政策总结了我国长期以来水库移民工作的实践经验和教训，特别强调需重视移民意愿，在瀑布沟移民安置工作中也需执行其主要精神。受新政策的影响，结合移民意愿的变化和其他方面因素，瀑布沟移民安置方案发生了变化。另外，随着移民安置规划工作的推进，库区市县细化出台了一系列文件，如投亲靠友、自谋出路等安置方式的安置办法、农村工副业设备设施补助办法、线外零星林木及房屋室内装修补助等具体执行政策，细化了补偿补助项目，也影响了移民安置方案。因此，移民政策的调整和具体实施政策的细化，导致了移民安置方案的调整，并细化了部分补偿补助项目，从而使得移民安置补偿费用也相应发生了变化。社会经济发展导致的变更也屡见不鲜，规划阶段采用的单价、补偿标准等都是根据当时当地的物价水平及经济指标合理推算而来，但在经过多年的实施后，规划时的数据已不符合现今的社会发展水平，物价水平抬高、人工价格上涨等因素会导致众多移民工程投资费用的变化。另外，随着实施阶段社会经济不断发展，移民素质越来越高，诉求也逐渐增多，移民意愿同规划时相比会发生较大的变化，从而产生一系列变更事项。

（4）工作周期跨度大，利益平衡耗时长。上述实施条件的不断变化也引出另一个移民工作的特点——工作周期跨度大。正是因为移民工作过程中存在众多的不确定因素以及变更事项，处理流程又较为复杂，导致移民工作周期短则四五年，长则十几年。以瀑布沟水电站为例，瀑布沟移民补偿和移民工程建设主要从 2001 年启动，其中大规模的移民搬迁和工程建设活动集中在 2006—2010 年，截至 2014 年，部分工程尚未完工。2005 年 2 月国家审定概算是以2004 年三季度价格水平为准，随后几年物价变化较大，特别是2007 年三季度，部分建筑材料、人工工时费价格涨幅大，油价持续上扬。在长达 14 年的建设期间，物价不断上涨，导致原审定概算已不能满足移民补偿和工程建设的需要。此外，移民安置标准及工程复建规模较可研阶段也发生了变化，汉源县土地配置标准、居民点人均建设用地标准等发生变化，水厂规模增加、供水方式变化、电力线路敷设方式等都发生了变化。另外，由于移民安置方案的调整，部分集镇的迁建规模、右岸公路复建长度以及库周交通恢复长度也都进行了相应的调整。

此外，移民工作时间周期长这一特点无形中也增加了移民工作的风险性，实施期间的不可控因素较多，工作周期的延长无形中也增加了地质灾害风险发生概率，而地质灾害又可能引发一系列移民工程的变更。除此之外，在实施过程中发生的地方政府或移民机构换届的问题，同样也对移民工作产生一定影响。移民工作是建立在实施各方良好沟通交流的基础上，地方政府或移民机构的换届，一方面意味着原本的沟通平台需要重新搭建；另一方面，地方政府作为移民工作实施主体，其主要领导人的变动可能会引起整个库区原有移民工作思路的变化与调整，都会对移民工作产生一定影响。在实施过程中，若各方未能达成一致意见，就需要进行利益协调与平衡工作，例如移民对土地补偿价格的心理预期与实际补偿费用不一致时，或专业项目迁复建标准与地方政府经济发展要求不符时，都是各方利益尚未达到最佳平衡点的问题。而此后，通过不断的沟通、协调、变更等一系列措施使得利益双方达成一致的过程，即为寻求利益平衡点的过程，但在实际工作过程中，这一过程往往是较为漫长的。

简而言之，移民工作周期跨度长，是实施变更因素较多的一个反映。移民工作中牵涉到的各个部门、单位、群体，其各自的目标及诉求均有所差异，在实施过程中需要采取大量的协调工作，力求达到最佳利益平衡点，共同推动安置工作进度，而因涉及的利益方较多，利益平衡与协调工作难度较大，耗费的时间成本较大，也在一定程度上导致了整个移民工作周期的延长。

第3章　当前移民工作面临的主要问题

移民工作是水利水电工程建设的重要组成部分，移民安置直接影响到工程建设的进度和投资。国务院471号令明确规定"移民安置未经验收或者验收不合格的，不得对大中型水利水电工程进行阶段性验收和竣工验收"。为了按期达到电站建设节点目标，移民安置工作必须与工程建设同步进行，并适度超前。从投资上看，随着移民补偿补助政策的不断完善，移民投资占工程项目投资的比重越来越高，如在1986年的漫湾水电站移民投资仅占项目总投资的2%，而目前在建的向家坝水电站移民投资（可研规划）占项目总概算的28%。

移民工作的重要性还体现在对区域经济社会发展有一定积极促进作用。《大中型水利水电工程建设征地补偿和移民安置条例》（国务院令第471号）明确提出移民安置规划应合理地与地方区域经济发展相结合，移民工作通过移民安置规划设计、实施管理、后期扶持等政策与措施，使得移民与区域经济社会发展形成和谐统一的整体。移民在占用区域内环境容量并分享区域内社会经济资源的同时，也能够为安置区带来人、财、物及村镇规划建设等方面新的思想理念与新技术，促进区域经济社会不断向前发展，而区域经济社会发展的同时也为移民提供了可持续发展的空间，实现移民与区域经济社会的和谐统一。

除此之外，移民工作对维护库区社会稳定也起到重要作用。因为在水电站建设过程中，移民社会风险是严重社会问题的潜在形式，如果不能很好地处理这些风险并妥善安置好移民，将对移民安置区社会稳定发展产生不利影响，也将阻碍电站建设进度。以四川省为例，随着电站开发逐步进入少数民族地区，少数民族地区有其特有的文化及宗教环境，在移民安置过程中，很多宗教设施、宗教器物、神山、圣水被少数民族地区的人们看作是神圣不可侵犯的，对于这些宗教事务的处理直接关系着电站建设和移民搬迁的顺利进行。因此，在安置中，要强调在尊重地区民族宗教信仰的前提下兼顾方案经济性和合理性，否则，可能会引起少数民族移民的不满情绪，引发不必要的矛盾，影响当地社会稳定发展。

鉴于移民工作对水利水电工程建设及社会发展的重要作用及影响，国家及各级政府不断地从政策法规、管理体系、行业规范等方面完善相关要求及准则，相关各方也高度重视，力求通过多方努力协作，共同推动移民工作顺利发展。就目前我国水利水电移民工作实施总体情况而言，虽已取得一定成效，相比于计划经济时代与改革开放初期移民工作情况更加完善、规范、科学、合理，但仍然存在不足之处。通过对近年来四川省不同水利水电工程移民工作实施情况的梳理，总结出目前移民工作存在的普遍问题如下。

3.1 管理体制层面

在管理体制层面仍存在专业行业审查审批流程需进一步明确、监督管理制度需进一步完善等问题，如何从国家层面进一步完善实施各方的管理体制是目前移民工作中亟待解决的问题。

（1）专业行业审查审批流程有待进一步明确。水利水电工程移民工作政策性强，涉及面广，包括国土、交通、电力、通信、规划、文物等专业，这就造成了移民工作与各个专业行业主管部门协调沟通工作量大。

国务院 471 号令规定了大中型水利水电工程移民安置工作实行政府领导、分级负责、县为基础、项目法人参与的管理体制。国务院水利水电工程移民行政管理机构、县级以上地方人民政府、省、自治区、直辖市人民政府规定的移民管理机构各有职责分工，但没有进一步明确各行业设计变更、方案调整、概算调整、政策调整等问题审查、审批的牵头单位，导致审查审批流程不清晰，存在重复审查、审查意见不一致、审批意见迟迟不能发布等问题。因此，专业行业审查审批流程有待进一步明确。

（2）监督管理制度需进一步完善。水利水电移民涉及项目多，资金量大，单一的行政监督或社会监督均难以实现监督管理目标。目前移民安置监督已基本形成了内部和外部监督模式，在实践中内部行政监督已经建立了相应的管理制度，但外部社会监督尚缺乏一定的政策和管理办法指导，社会监督授权不充分，形成弱势监管强权的局面。同时，因大型水利水电工程涉及的单项工程较多，资金量较为庞大，审计、监督评估力度稍显不足，群众监督参与度不高，也导致了水利水电移民工作规范化建设有待进一步提高。

移民监督评估制度的产生，在一定程度上对移民安置实施工作起到了监督管理作用，确保了水利水电工程建设征地移民安置工作的顺利进行，但作为工程建设主体的项目法人和负责移民安置的县（市、区）级政府，相互间的职责、权利与利益不够明确，县（市、区）级政府往往具有国家法规执行者与移民项目承包者的交替角色，使监督评估管理职责界定不明晰，缺乏约束机制。所以，移民监督管理需要制定和颁布相关的管理规定和配套的政策支持，以便充分发挥其综合职能。

3.2　政策层面

目前移民工作在政策层面存在需要完善的地方仍然较多，包括移民政策如何适应形势的变化，明确各方职责，促进移民可持续发展，如何解决建设征地补偿政策与其他行业不一致的矛盾，如何解决现行安置政策方面存在的不足，为创新有效的安置方式提供政策支撑等一系列问题，为了有效将移民安置目标和社会发展目标合理衔接，下步继续完善移民政策仍是各方共同努力协作的一个重点。

（1）水利水电移民政策法规体系仍需完善。移民政策体系包括法律、部门规章、各级各部门政策文件和技术规范等，系统性和完整性较强，具有相对独立和完善的政策体系。目前四川省内的建设征地移民安置工作主要执行《中华人民共和国土地管理法》（1999年）、《大中型水利水电工程建设征地补偿和移民安置条例》（国务院令第 471 号）、《水电工程建设征地移民安置规划设计规范》（DL/T 5064—2007）、原国家计委（现国家发展和改革委员会）《关于印发水电工程建设征地移民工作暂行管理办法的通知》（计基础〔2002〕2623 号）、《四川省人民政府关于贯彻国务院水库移民政策的意见》（川府发〔2006〕24 号）、《四川省人民政府关于进一步加强大型水利水电工程移民管理工作的通知》（川府发〔2005〕7号）等法律法规，能基本保证在建水利水电工程的顺利实施。但随着水利水电工程移民工作的持续推进，现行移民政策体系不能与时俱进，缺乏国家层面的统筹管理，相关政策不够完善。

首先，现行移民政策体系不能完全适应新时期移民工作需要。在社会主义市场经济快速发展的时代，水利水电工程的开发建设快速推进，征地移民工作的难度和复杂程度也随之增大，涉及面更广，工作要求更高、更加细化，同时相关行业也不断出台新政策；而现行移民政策调整不及时，政策不完善，政策体系不能完全适应当前环境下移民工作的需要。特别是水利水电移民补偿政策和我国其他行业补偿政策存在差距，和世界银行移民补偿政策存在更大差距，需参照世界银行移民补偿政策在移民补偿范围、补偿标准、补偿方式、移民参与工程效益的分配等方面进一步完善移民补偿政策。

其次，现行移民政策体系缺乏国家层面的统筹管理。目前我国水利和水电行业在国家层面分别由水利部和国家发展和改革委员会（以下简称国家发改委）管理，从管理体制到执行的行业规范和具体政策均存在差异，从移民行业内部来看，政策体系缺乏国家层面的统筹管理。另外，水利水电行业与城市建设、交通工程建设等行业的征地补偿政策差异明显，在国家层面和省级层面均缺乏统筹管理。

第三，现行移民政策体系还存在程序法缺位，政策分散、层次低，相关配套政策不完善，各省政策不同对界河电站的影响较大，缺乏调动移民主动安置的政策和激励机制等问题。

党的十八届三中、四中全会提出全面深化改革的要求，与水利水电行业密切相关的土地制度、社会保障制度以及相关经济制度等都提出了全面推进改革的思路和举措。因此，在相关行业改革持续推进的新形势下，水利水电移民政策体系应结合国家总体改革思路进一步完善，逐步提升政策层次，将过细的文件整合提升为更高层次的法规，完善程序法。

（2）水利水电移民补偿政策与其他行业不一致。随着我国经济的持续发展，城市建设和大型基础设施建设项目持续增加，水利水电行业与其他行业的补偿政策方面的差异和矛盾日渐凸显，主要体现在征地和地面附着物补偿两个方面。

首先，从征地补偿政策来看，四川省大中型水利水电行业与城市建设、交通建设等其他行业均执行省政府发布的统一年产值标准，但水利水电行业基本按"就高不就低"的原则执行标准，即"一个工程采用一个价"，而其他行业严格执行分区域标准，即"一个工程采用多个价"；在政策规定的土地补偿倍数上，大中型水利水电征地补偿倍数为16倍，其他行业的征地补偿采用耕地统一年产值、片区综合价等，补偿倍数在16～30倍不等；而实际上大中型水利水电征地补偿是按移民安置所需资金进行补偿，对土地补偿费不足部分是通过计列生产安置措施补助费计入概算，生产安置措施费用是隐性的补偿，未实际发放到移民手中，从典型项目的实际补偿倍数看，基本在16～30倍之间，少部分项目超过30倍。总体来说，水利水电行业与其他行业土地补偿采用的耕地亩产值有差异，实际补偿倍数差别不大，但土地补偿倍数的体现形式不同，土地补偿费的用途也不一致，两者征地对象感知的直接收益差异较大，人均耕地越少差异愈发明显，给移民带来了误解，造成一定的心理落差。

其次，从地面附着物的补偿政策方面看，主要补偿项目中青苗和零星林木的补偿测算方法和标准，水利水电行业和其他行业一致，统一执行省政府批复的各市（州）的补偿标准；对于集体土地上的房屋等实物补偿，水利水电行业和其他行业都是按照重置原则测算补偿单价，其中水利水电行业有明确的计算方法和规定，其他行业尚未形成统一的测算方法；对于国有土地上的房屋补偿，其他行业按照2011年《国有土地上房屋征收与补偿条例》（国务院令第590号）规定执行市场评估价格，而水利水电仍按照重置价格执行，没有考虑建筑物的成新、区位等因素，其区位等由地方政府在安置时以置换的形式统筹考虑。总体来说，水利水电行业与其他行业的地面附着物补偿政策不一致，计补内容有差异，标准有高有底，特别是对补偿对象的直观效益不强。同为建设征地，移民现实收益远低于其他建设征地农民收益，尤其是一个地方同时存在多种建设征地，因补偿差异引发的矛盾和问题较突出，给移民征地工作推进造成一定的困难。

（3）水利水电移民征地安置政策与其他行业存在差异。水利水电移民实行以土为主生产安置和逐年货币补偿、养老保障等无土安置，其他建设征地则采取一次性足额补偿或社会养老保险安置，在指导思想、安置方式等方面均存在较大差异，特别是其他行业的失地农民养老保险政策与水利水电行业的农村移民养老保障政策在参保年龄、缴费标准和兑现标准等方面均有较大差异。农村移民养老保障安置的参保年龄是当地退休年龄，失地农民参保年龄为16周岁以上；目前农村移民养老保障的缴费标准约5.5万元/人，老年失地农民一次性缴纳的养老保险费用标准约8万元/人；目前农村移民养老保障移民领取标准为310元/（人·月），失地农民达到退休年龄的领取标准为700元/（人·月）以上。水利水电移民社会保障政策范围局限，且保障内容仅为养老保障，社会保障缺位，养老金低，保障程度低。其他行业建设征地采取社会养老保险安置，建立了养老保险、医疗保险、失业保险、最低生活保障和医疗救助制度的社会保障措施，参保范围广，养老保险金高，其保障程度也更高。由于各地、各类行业征地政策有差异，往往引发移民与征地农民之间的攀比，影响移民工作的进度，制约了整个水利水电行业的健康发展，需研究各行业征地政策衔接整合统一的可行性。

3.3　实施操作层面

在移民工作的实施过程中，由于实施各方关系复杂，利益出发点不同，加上各项目的特殊性，存在重工程轻移民现象以及变更较多、实施各方利益诉求多、协调难等问题。为了保证移民工作进度和质量，严格把控好移民资金，实施各方应加大协助，共同解决处理上述问题，保障移民合法权益和社会稳定。

（1）重工程轻移民等工作思想根深蒂固。近年来，虽然国务院先后出台若干移民管理条例和政策，如国务院 471 号令、《国务院关于完善大中型水库移民后期扶持政策的意见》（国发〔2006〕17号）等，对改善移民工作起了关键作用，但是移民工作在规划、安置、扶持等各个具体操作环节中，依然存在困难。

在移民工作实际过程中，参与移民工作的各方仍存在重工程轻移民、重项目法人轻移民（为了地方税收和发展，重视业主的工程建设，轻视移民安置实际困难和诉求）、重官方轻民意（重视政府及行业部门意见，轻视移民、接安地居民及周边居民意愿）、重搬迁轻发展（看重搬得出，轻视后续发展）、重后期轻前期（重视后期实施，轻视前期规划设计）、重结果轻过程（只注重结果，但忽视过程管理，变更随意性大）等工作思想。

在项目法人要效益、地方政府要政绩、移民群众要权益的利益博弈中，移民一直处于相对弱势地位。项目法人在工程建设的安排上仍然存在以主体工程为主，以征地移民为辅的现象，对征地移民工作不够重视。项目法人把主要精力都集中在主体工程上，在征地移民工作受到影响时才给予关注，一事一议，往往只能过后补救。在耕地、林地征用、移民资金拨付等方面都不同程度存在不够重视和不及时等现象。

目前，虽然地方政府已意识到移民工作的重要性，但仍有部分地方政府对征地和移民工作不够重视，管理机构不稳定，工程上马后临时抽调管理人员，这些人员中，长期并专职从事移民工作的人员相对较少，缺乏一定的基础理论及实践经验，对国家政策法规不甚了解，因此，在征地移民的管理理论、制度和管理手段上并没有主体工程那样成熟、完善、有效和科学。

（2）实施阶段干扰因素多，变更效率低。大中型水利水电工程建设周期长，而移民安置规划在可研阶段即编制完成，其编制的依据和基础为编制时的经济社会基础情况及可预见的发展情况，而大型水利水电工程移民实施多数要跨两个"五年"规划期甚至更长，在此期间，经济社会发展、资源开发、政策环境、移民诉求、政府意见、各方认识等因素均可能发生巨大变化，审定的规划相较于搬迁时存在标准变化、实物量变化、物价水平变化、移民意愿改变、地方政府领导更换频繁、实施主体随意变更移民规划，以及擅自调整范围、提高标准、扩大规模等不作为或乱作为诸多问题，导致了移民安置规划实施中规划设计变更频繁，移民安置投资难以控制，影响移民搬迁进度和质量。

由于规划编制时，在征求移民意愿和设计等各方面工作深度不够，移民在选择安置方案时不表态，移民安置规划无法反映移民真实意愿，实施时移民意愿变化大，导致实施阶段需要重新界定征地范围、重新认定移民身份以及调整规划方案等问题，造成移民安置规划工作的反复，规划执行性差等问题。因此，在大中型水利水电工程移民安置实施过程中，设计变更司空见惯。同时在处理变更的过程中，实施各方又不准时有效地按变更程序进行，往往是把进度摆在第一位，先实施后变更，对变更程序的完善一拖再拖，变更处理效率较低。所以规范管理变更设计，制定统一的变更范围、标准、处理流程等十分必要和紧迫。

（3）实施各方利益诉求多，协调难，进度、质量和投资把控难度大。大中型水利水电工程移民管理涉及多方参与者，在工程建设征地移民安置工作中，项目法人、地方政府、移民是相互影响的利益主体，在整个移民过程中，各方考虑的因素多，在追逐自身利益最大化的过程中不可避免地会发生冲突。而利益的不同就会导致重大问题的解决难以形成统一的方案，导致协调和解决移民问题的效率低下，最终严重影响移民安置实施的进度。利益最终体现在经济性方面，而投资经济性和移民实施质量偏离越发严重。水电建设移民安置由水电开发项目法人出资，县（市、区）为基础实施移民安置，投资主体和实施主体不同。投资主体为了经济效益，必然是投资越少越好，而实施主体通常打着提高移民安置质量的旗帜，实质为考虑自身利益，由此造成投资主体和实施主体利益博弈激烈，这是近年来移民安置投入费用不断增加，占整个移民项目的投资比例越来越高的根本原因。

虽然，移民投资的不断增加客观上为移民安置提供了更大的资金支持，为移民安置实施质量提供了资金保障，但随着社会经济发展、物价水平上涨、政策调整，移民个人诉求将会越来越多，地方政府对水电建设与地方社会经济发展结合捆绑的要求也会越来越高，移民个人补偿和安置诉求、地方发展需求和项目法人的承受力三者之间的利益博弈越演越烈，移民实施过程越发复杂，利益分歧协调难度大，而越来越高的移民投资是否真正提高了移民安置的质量还有待评估。

（4）移民政策宣贯不到位。由于大中型水利水电工程建设工作周期长、时间紧、任务重、关系复杂，部分基层单位对移民政策不熟悉，宣贯与执行力不足，导致移民缺少了解信息的渠道，该问题是移民、企业上访的主要诱因之一。

尽管四川省是水利水电工程开发大省，但是省内多数地区也不是经常有大中型水利水电工程建设，建设征地移民安置工作并不是地方政府的常态工作内容，因此部分地方在启动水利水电工程项目时需要临时抽调各部门人员组成地方移民管理部门，这部分移民干部在对移民政策的理解和把握上需要一个过程，但是工程项目时间紧任务重，移民工作往往刻不容缓，需要这部分移民干部在学习移民政策的同时向移民群众宣贯移民政策，从而造成部分理解有偏差或不到位的政策宣贯给移民。但是也确实有少部分移民干部由于自身原因造成移民政策宣贯与执行力不足，导致移民缺少了解信息的渠道或是对信息知之甚少，而产生对政策的逃避和对抗，造成移民安置工作难的问题。特别是针对库区内出现的负面报道，地方政府如果不能通过有效的宣贯予以及时消除，将导致问题愈演愈烈，对当地社会的和谐稳定产生一定影响。

第4章 移民安置阶段"四大关系"内涵分析及理论基础

4.1 移民安置阶段"四大关系"提出的背景

移民管理是一个多学科、多行业相互交叉的系统工程，同时也是一门社会科学，涉及省级人民政府及移民管理机构、各行业部门，市县级人民政府及移民管理机构、行业主管部门，移民个体，项目法人，综合设计、综合监理、独立评估单位等多方、多个主体，各方面、各主体之间关系错综复杂、相互交织。

在移民安置工作的持续开展中，各项目为解决工作中的实际问题，依据项目特点和背景，基于现实工作中的复杂关系，对参与各方的关系进行了研究，对顺利推进项目建设起到了一定的作用。但不同项目中的个案研究缺乏普适性，开展新工程的移民安置工作时仍需耗费大量时间精力去化解新的争论，形成新的协作关系。在国家依法治国和依法移民的新形势与新要求下，国家及各级政府和相关部门在对水利水电开发加大支持促进力度的同时，也对水利水电工程移民工作的开展和移民工作参与各方的工作提出了更高的要求。

解决移民安置工作中的问题与矛盾，首先需要转变思想观念。对此，笔者认为，要做好移民工作，首先要牢固树立为人民服务的宗旨，转变观念，要将"六重六轻"转变为"六个并重"，应当逐步摒弃"重工程轻移民、重业主（项目法人）轻移民、重官方轻民意、重搬迁轻发展、重后期轻前期、重结果轻过程"的思想，转变为"工程移民并重、移民业主（项目法人）并重、民意官方并重、搬迁发展并重、前期后期并重、结果过程并重"的观念。"六个并重"实际上也是"六对关系"的体现，即民生和国计关系、人民和企业的关系、百姓和政府的关系、眼前利益和长远利益的关系、因和果的关系、实体和程序的关系。这六对关系从另一个方面证实了移民工作的复杂性和系统性，其中涉及多方部门和多方利益，各方关系错综复杂。因此，理顺各方关系对于依法移民、科学移民具有重要指导意义。

在新常态下，四川省移民安置工作参与方可归纳为"三个主体五个方面"，即项目业主、地方政府和移民构成"三个主体"，加上各级移民管理机构和中介服务单位（综合设计、综合监理和独立评估）形成"五个方面"。移民工作是一个浩瀚的系统工程，关系复杂，搞好移民安置工作要探索规律、理顺关系、相互尊重，由此提出了移民工作"三个主体五个方面"之间由"四大关系"，即法律关系、工作关系、利益关系和监督关系构成，并对"三个主体五个方面"及"四大关系"基本内涵进行了相应阐述。

4.2 "三个主体五个方面""四大关系"内涵阐述

4.2.1 "三个主体五个方面"

移民工作"三个主体"包括地方政府、移民和项目法人，再加上各级移民管理机构和中介服务单位（综合设计、综合监理和独立评估单位）形成"五个方面"，这也是整个移民工作中的核心利益方。

4.2.1.1 地方政府

在移民工作过程中，地方政府通常指的是市（州）、县（市、区）级人民政府。市（州）、县（市、区）级人民政府是移民工作的责任主体、实施主体、工作主体。其主要职责包括：参与建设征地实物调查细则及工作方案、移民安置规划大纲和移民安置规划编制工作；提出发布停建通告的申请，并依据停建通告开展相关工作；协调项目法人开展建设征地实物调查工作，在移民签字认可后，对实物调查成果进行确认并公示；组织开展移民区和移民安置区社会稳定风险分析，负责本行政区域内的移民安定、社会稳定工作；对移民安置规划大纲和移民安置规划出具意见；与市级人民政府签订移民安置责任书，与移民和相关单位签订安置补偿协议；开展移民安置自验工作并上报验收申请，组织开展后期扶持项目验收；组织实施征地补偿、移民安置和后期扶持工作，履行征地补偿和移民安置协议，实施移民安置规划、后期扶持规划和年度计划，配合项目法人、设计部门、移民监督评估机构工作，组织移民安置专项工程和后期扶持项目阶段性验收，负责编报征地补偿和移民安置实施进度、移民资金使用情况报表；组织实施移民后期扶持，协调相关单位开展移民后期扶持政策实施监测评估工作；负责移民信访工作，建立和落实本地区突发事件应急预案，及时协调处理征地补偿和移民安置工作中出现的问题；负责移民安置区农村移民生产技术、技能培训工作。

4.2.1.2　移民

移民及迁（复）建相关企事业单位是移民工作的重要主体，其职责包括两方面：一方面，移民拥有保障其合法权益的权利以及享有监督、知情等权利；另一方面，移民应遵循相关法律法规、移民政策等，同时履行相关义务。

4.2.1.3　项目法人

项目法人是移民工作的重要主体，负责组织移民安置前期规划设计、保障移民安置资金、参与移民安置实施。主要职责包括：委托开展移民安置前期规划设计工作，与移民管理机构共同委托开展移民安置监督评估（综合监理、独立评估）等工作；提出发布停建通告的申请；组织编制实物调查细则和工作方案，会同地方人民政府开展建设征地实物调查工作，在移民签字认可后，对实物调查成果进行确认；在充分尊重移民和地方人民政府意见的前提下，组织编制移民安置规划大纲和移民安置规划；与自治区移民管理机构或市级人民政府及其授权的同级移民管理机构签订移民安置协议，定期通报主体工程建设、用地计划等情况；参与编制移民安置年度计划，向与其签订安置协议的人民政府或移民管理机构提出下年度移民安置计划建议，按计划或协议及时拨付移民资金，确保移民资金足额到位，配合审计和稽察工作；参与移民安置规划调整和设计变更及重大问题的处理；提交相应的建设征地移民安置工作报告，参与移民安置验收工作；负责做好库区因蓄水影响导致的滑坡塌岸的监测、防护和处理工作。

4.2.1.4 各级移民管理机构

移民管理机构包括省、市（州）、县（市、区）级移民管理机构。

省级移民管理机构负责省级水电工程移民工作的管理和监督。主要职责包括：贯彻执行国家和省级人民政府移民工作法规政策，研究拟定省级移民工作地方性规章、政策及规定；组织审查建设征地实物调查细则及工作方案、移民安置规划大纲和移民安置规划，确认实物调查细则及工作方案，审批移民安置规划和移民后期扶持方案；与大型水利水电工程项目法人签订移民安置协议，与市级人民政府签订大型水利水电工程移民安置责任书；指导和协调建设征地移民安置工作；委托开展大型水利水电工程移民安置综合设计（设代）、实施阶段设计、咨询服务工作；委托开展大中型水利水电工程移民后期扶持政策实施监测评估工作；与大型水利水电工程项目法人共同委托开展移民安置监督评估（综合监理、独立评估）工作；下达大型水利水电工程移民安置年度计划；组织审查大中型水利水电工程移民安置规划调整及单项工程重大设计变更报告；负责大型水利水电工程移民资金的管理和监督以及内部审计、稽察与统计工作；根据省级人民政府委托，组织移民安置验收及后期扶持重点项目的验收工作；审核上报移民后期扶持人口，指导后期扶持实施工作；组织移民劳动力转移培训和移民干部培训；协调处理移民工作中的重大问题，并组织有关各方进行年度考核。

市（州）移民管理机构负责管理和监督本行政区域内的移民工作。主要职责包括：上报实物调查细则及工作方案，协调和配合移民安置规划设计工作；出具大型水利水电工程移民安置年度计划意见，下达中型水利水电工程移民安置年度计划；委托开展中型水利水电工程移民安置综合设计（设代）、实施阶段设计、咨询服务工作；与中型水利水电工程项目法人共同委托开展移民安置监督评估（综合监理、独立评估）工作；配合大型水利水电工程设计、综合监理和独立评估等单位开展相关工作；指导县级移民管理机构按审批的建设征地移民安置规划开展移民安置实施工作；审核申报设计变更，协调处理移民安置实施过程中的重大问题；负责大中型水利水电工程移民资金管理和监督及权限内的内部审计和稽察，配合国家、省级有关部门开展移民资金审计和稽察；配合开展移民安置验收，组织开展移民后期扶持和有关项目验收，汇总并上报后期扶持方案；建立健全移民信息公开、参与、协商、诉求表达等机制；负责移民信息统计汇总、上报工作；组织中型水利水电工程移民技能培训和移民干部培训。

县（市、区）级移民管理机构负责本行政区域内的移民具体工作。主要职责包括：协调移民安置规划设计工作；向市级移民管理机构上报实物调查细则及工作方案、移民安置规划；根据移民安置规划制订移民安置工作方案，编报移民安置年度计划，完成年度计划目标；负责移民政策宣传解释，组织听取移民和移民安置区居民的意见，配合主体设计、综合监理、独立评估、移民后期扶持政策实施监测评估等单位开展相关工作；提出并上报移民安置规划调整和单项工程重大设计变更申请；负责本级移民资金的管理和监督，配合有关部门开展移民资金的审计和稽察工作；编制上报后期扶持方案；负责移民信息统计，建立健全移民工作档案；组织移民技能培训和移民干部学习。

4.2.1.5 中介服务单位

移民综合设计单位是移民工作的技术保障单位，负责建设征地移民安置相关规划设计的技术牵头和设计归口，其职责主要包括：依法履行合同约定；根据委托编制实物调查细则及工作方案，参与实物调查，编制移民安置规划大纲、移民安置规划，负责所需数据和材料的收集工作；根据委托开展移民安置实施的综合设计（设代）工作，承担设计交底、委派现场设计代表、技术把关和归口管理，编制设计文件，协助县级移民管理机构做好移民安置工作和实物指标分解、移民人口界定、建档建卡、移民安置实施年度计划编制等工作；负责移民资金概算分解，配合移民资金审计和稽察工作；根据委托负责移民安置规划调整和单项工程设计变更报告的编制；参与移民安置验收，提交相应的设计工作报告；协调处理移民工作相关问题。

移民综合监理、独立评估单位对其提供的监督评估工作质量实行终身责任追究制。移民综合监理单位、独立评估机构主要职责包括：依法履行合同约定；对移民安置进度计划、资金计划进行研究，对移民安置实施的质量、进度、资金拨付和使用情况进行全程监督，定期向委托方报告移民安置工作情况；对存在的问题提出整改意见和建议，重大问题及时向委托方报告；参与移民安置规划调整和设计变更处理，对移民安置及移民生产生活水平恢复情况进行评估；参与移民安置验收，提供移民安置监督评估总体报告，协助建档建卡和档案管理工作。

4.2.2 "四大关系"

移民工作基本关系包括三个层面，即横向关系、纵向关系和交叉关系。其中，横向关系既涵盖了地方政府、移民、项目法人、移民管理部门和中介服务单位五大方面，又包括了移民、能源、国土、税务、建设、交通、通信、铁路等相关职能部门或行业主管部门；纵向关系主要是指省、市、县政府，省、市、县移民部门之间的关系；交叉关系包括项目法人与省、市、县三级政府，项目法人与省、市、县三级移民部门，中介服务单位与省市县政府、移民管理机构等关系。

首先是横向层面，横向上第一层是"三个主体五个方面"的关系，这五个关系既有一对一的关系，又有多向关系；横向上第二层是政府部门之间的关系，移民工作涉及行业非常多。

其次是纵向层面，纵向关系就是省、市、县各级政府、省市县各级移民机构之间的关系。根据 2006 年国务院 471 号令,与项目法人签订移民安置协议的省级人民政府可以与下一级有移民或者移民安置任务的人民政府签订移民安置协议,一般来说,省级人民政府会委托省级移民管理机构与市级人民政府签订移民安置协议。

第二是交叉层面,包括项目法人与省市县各级人民政府,项目法人与省市县各级移民管理机构,设监评单位与省市县各级的关系,以及近几年出现的项目法人、综合设计单位参与移民工程代建,双重身份、双重角色,关系更加错综复杂。

综上,四川省的移民工作实际上是遵循了"法律关系、利益关系、工作关系、监督关系"的四大关系:一是法律关系,是指项目法人、省级人民政府(省级移民管理机构)加设监评单位,也是推动移民工作的法律关系;二是利益关系,是指项目法人、市(州)县级政府、移民个人"三个主体"之间的利益关系;三是工作关系,是指省、市、县各级人民政府及移民管理机构之间,这是推动移民工作的行政关系;四是监督关系,就是上级移民管理机构与下级移民管理机构,监督评估单位与县级人民政府、移民和规划设计单位之间的监督与被监督关系。这四类关系之间是相互联系、相互依存的。

4.3　理论基础

4.3.1　委托代理理论

4.3.1.1　概述

委托代理理论是过去 40 多年里契约理论最重要的发展之一。它是 20 世纪 60 年代末 70 年代初,一些经济学家不满 Aroow-Debreu 体系中的企业"黑箱"理论,而深入研究企业内部信息不对称和激励问题发展起来的,创始人包括 Wilson(1969)、Spence 和 Zeckhauser(1971)、Ross(1973)、Mirrless(1974、1976)、Holmstrom(1979、1982)、Grossman 和 Hart(1983)等。委托代理理论的中心任务是研究在利益相冲突和信息不对称的环境下,委托人如何设计最优契约激励代理人（Sappington，1991）。经过40余年的发展，委托代理理论由传统的双边委托代理理论（单一委托人、单一代理人、单一事务的委托代理），发展出多代理人理论（单一委托人、多个代理人、单一事务）、共同代理理论（多委托人、单一代理人、单一事务的委托代理）和多任务代理理论（单一委托人、单一代理人、多项事务的委托代理）。

4.3.1.2　假设前提

委托代理理论遵循的是以"经济人"假设为核心的新古典经济学研究范式，并以下面两个方面为基本假设。

（1）委托人和代理人之间利益相互冲突为前提。委托代理理论中，委托人和代理人都是"经济人"，其行为目标都是为了实现自身效用最大化。在委托代理关系中，代理人更多的努力或付出，就可能有更好的结果，而委托人最关心的是结果，代理人却不感兴趣；代理人最关心付出的努力，委托人却没有直接的兴趣。委托人的收益直接取决于代理人的成本（付出的努力），而代理人的收益就是委托人的成本（支付的报酬）。因而，委托人与代理人相互之间的利益是不一致的，甚至是相互冲突的。由于利益的相互冲突，代理人便可能利用委托人委托的资源决策权谋取自己的利益，即可能产生代理问题。因而，委托人与代理人之间需要建立某种机制（契约）以协调两者之间相互冲突的利益。

（2）委托人和代理人之间信息不对称。在委托代理关系中，委托人并不能直接观察到代理人的努力工作程度，即使能够观察到，也不可能被第三方证实；而代理人自己却很清楚付出的努力水平。但委托代理理论认为代理结果是与代理人努力水平直接相关的，且具有可观察性和可证实性。由于委托人无法知道代理人的努力水平，代理人便可能利用自己拥有的信息优势，谋取自身效用最大化，从而可能产生代理问题。代理人努力水平的不可观察性或不可证实性意味着代理人的努力水平不能被包含在契约条款中，因为契约即使包含了这一变量，如果出现违约，也没有第三者能知道代理人是否真的违约，从而无法实施。因此，委托人必须设计某种契约或机制，诱使代理人选择适合委托人利益的最优努力水平。

在委托代理关系中，当利益相互冲突而信息对称时，委托人与代理人就能找到最优策略（契约），解决代理问题；当利益没有冲突，即使信息不对称，代理问题也不存在；而当委托人与代理人的利益相互冲突且信息不对称时，代理人的"道德风险"随之而生，从自身利益最大化出发，利用信息优势损害委托人的利益。

4.3.1.3　分析逻辑

委托人为了实现自身效用最大化，将其所拥有（控制）资源的某些决策权授予代理人，并要求代理人提供有利于委托人利益的服务或行为。代理人也是追求自身效用最大化的经济人，在利益不一致和信息不对称的情况下，代理人在行使委托人授予的资源决策权时可能会受到诱惑，把自己的利益置于委托人利益之上，从而损害委托人的利益，即产生代理问题。由于代理问题的存在，委托人就必须建立一套有效的制衡机制（契约）来规范、约束并激励代理人的行为，减少代理问题，降低代理成本，提高代理效率，更好地满足自身利益。基本路径是：委托人设计契约—代理人根据情况选择接受（或拒绝）契约—代理人提供努力—随机因素决定现状态—委托人根据结果进行支付。

4.3.2　利益相关者理论

4.3.2.1　概述

利益相关者理论（stakeholder theory）是 20 世纪 60 年代前后在西方国家逐步发展起来的，进入 80 年代以后其影响开始扩大，并促进了企业管理理念和管理方式的转变。利益相关者理论的核心观点是：任何一个企业都有许多利益相关者，如投资者、管理人员、供应商、分销商、员工、顾客、政府部门、社区等，他们都对公司进行了专用性投资并承担由此所带来的风险，企业的生存和发展取决于它能否有效地处理与各种利益相关者的关系，而股东只是其中之一罢了。为了保证企业的持续发展，企业应该将其剩余索取权和剩余控制权在主要利益相关者之中进行分配，而不同的分配方式将会产生不同的绩效水平。

4.3.2.2　主要内容

（1）企业伦理。由于过分地追求所谓的利润最大化，企业经营活动中以次充好、坑蒙拐骗、行贿受贿、恃强凌弱、损人肥己等不顾相关者利益、违反商业道德的行为，在世界各国都不同程度地存在着，企业在经营活动中应该对谁遵守伦理道德、遵守哪些伦理道德、如何遵守伦理道德等问题摆在了全球学术界和企业界的面前。

（2）企业应承担的社会责任。20世纪70年代全球开始关注企业的社会责任，过去那种认为企业只是生产产品和劳务的工具的传统观点受到了普遍的批评，人们开始意识到企业不仅仅要承担经济责任，还要承担法律、环境保护、道德和慈善等方面的社会责任（刘俊海，1999）。而这一思想和利益相关者理论的要求不谋而合，即企业在进行获利活动的同时，要关注社会公众、社区、自然环境等其他利益相关者的利益。

（3）企业的环境管理。企业环境管理问题日益成为现代企业生存和发展中一个不容回避的问题。人类生存的自然环境正日益恶化已是一个不争的现实，环境问题正逐步成为人们关注的焦点。企业在生产活动中如何保护环境、协调环境，保护相关者的生存环境便凸显出来。

4.3.3　不完全契约理论

4.3.3.1　不完全契约理论的提出

不完全契约这个概念是相对于完全契约而言的。完全契约是指，缔约双方都能完全预见契约期内可能发生的重要事件，愿意遵守双方所签订的契约条款，当缔约方对契约条款产生争议时，第三方（如法院）能够强制其执行。可这显然是不现实的，因为签约方在事前对未来所作的预期仅仅是基于双方的主观评估，未来所面临的不确定性在本质上是不可预期的，真实世界里的契约绝大部分都是不完全契约。

Coase开创了交易费用经济学的研究，Williamson等人对企业交易费用进行了深入研究，但他们都没能解释清楚到底什么是交易费用，交易费用是从哪里来的。Grossman、Hart、Moore 等找到了事情的本源，认识到了交易费用的来源，产生交易费用的基本原因在什么地方，答案就是契约的不完全性。从这一点来看，不完全契约理论是对科斯定理的一个重大推动。

4.3.3.2　不完全契约的内容

（1）在复杂的、无法预测的世界中，人们很难预测未来事件，无法根据未来情况做出计划，往往是计划不如变化。

（2）即使能够对单个事件做出计划，缔约各方也很难对这些计划达成一致协议，因为他们很难找到一种共同的背景来理解、描述各种情况和行为，过去的经验往往不起作用。

（3）即使签约各方能对未来计划达成一致协议，也很难将其写清楚，例如，在出现纠纷时，法院不能明确这些契约条款的意思，而无法执行，即所谓的可观察但不可证实。

GHM 模型认为各种交易费用的存在导致了契约的不完全性，尤其是那些与专用性投资密切相关的合同更是不完全的。也就是说，契约无法 "对未来的所有或然事件及其相关的责任权利做出明确的规定"。这个与未来不确定性相关的权力就是 "剩余控制权"。他们认为，物质资本的所有者应该掌握 "剩余控制权"，即对物质资本所有权的拥有是在契约不完全情况下权力的基础，而且对物质资本所有权的拥有将导致对人力资本所有者的控制，因此企业也就是由它所拥有的非人力资本所规定的。

4.3.4　协同治理理论

协同治理理论是一种新兴的理论，它是自然科学中的协同论和社会科学中的治理理论的交叉理论。可以说，作为一种新兴的交叉理论，协同治理理论对于解释社会系统协同发展有着较强的解释力。

4.3.4.1　治理主体的多元化

协同治理的前提就是治理主体的多元化。这些治理主体不仅是指政府组织，而且民间组织、企业、家庭以及公民个人在内的社会组织和行为体都可以参与社会公共事务治理。由于这些组织和行为体具有不同的价值判断和利益需求，也拥有不同的社会资源，在社会系统中，它们之间保持着竞争和合作两种关系。因为在现代社会没有任何一个组织或者行为体具有能够单独实现目标的知识和资源。同时，随之而来的是治理权威的多元化。协同治理需要权威，但是打破了以政府为核心的权威，其他社会主体在一定范围内都可以在社会公共事务治理中发挥和体现其权威性。

4.3.4.2　各子系统的协同性

在现代社会系统中，由于知识和资源被不同组织掌握，采取集体行动的组织必须要依靠其他组织，而且这些组织之间存在着谈判协商和资源的交换，这种交换和谈判是否能够顺利进行，除了各个参与者的资源之外，还取决于参与者之间共同遵守的规则以及交换的环境。因此，在协同治理过程中，强调各主体之间的自愿平等与协作。在协同治理关系中，有的组织可能在某一个特定的交换过程中处于主导地位，但是这种主导并不是以单方面发号施令的形式体现。所以说，协同治理就是强调政府不再仅仅依靠强制力，而更多的是通过政府与民间组织、企业等社会组织之间的协商对话、相互合作等方式建立伙伴关系来管理社会公共事务。

4.3.4.3　自组织组织间的协同

自组织组织是协同治理过程中的重要行为体。由于政府能力受到了诸多的限制，其中既有缺乏合法性、政策过程的复杂，也有相关制度的多样性和复杂性等诸多原因。政府成为了影响社会系统中事情进程的行动者之一。在某种程度上说，它缺乏足够的能力将自己的意志加诸在其他行动者身上。而其他社会组织则试图摆脱政府的金字塔式的控制，而是要求实现自己控制——自主。自组织体系的建立也就要求削弱政府管制、减少控制甚至在某些社会领域的政府撤出。这样一来，社会系统功能的发挥就需要自组织组织间的协同。

虽然如此,政府的作用并不是无足轻重的,相反,政府的作用会越来越重要。因为,在协同治理过程中,强调的是各个组织之间的协同,政府作为嵌入社会的重要行为体,它在集体行动的规则、目标的制定方面起着不可替代的作用。

4.3.4.4 共同规则的制定

协同治理是一种集体行为,在某种程度上说,协同治理过程也就是各种行为体都认可的行动规则的制定过程。在协同治理过程中,信任与合作是良好治理的基础。这一过程中,政府组织也有可能不处于主导地位,但是作为规则的最终决定者,政府组织的意向在很大程度上影响着规则的制定。在规则制定的过程中,各个组织之间的竞争与协作是促成规则最后形成的关键。

第5章 移民安置法律关系

5.1 基本内涵与特征

5.1.1 基本内涵

法律通常是指由社会认可国家确认立法机关制定规范的行为规则，并由国家强制力（主要是司法机关）保证实施的，以规定当事人权利和义务为内容的，对全体社会成员具有普遍约束力的一种特殊行为规范（社会规范）。

在移民安置过程中，涉及的方面较多，主要包括省级人民政府，市、县级人民政府，各级移民管理部门及各行业部门，移民，项目法人，中介服务单位（设计单位、监督评估单位）等。各个方面在开展工作的过程中需要遵循我国相关的法律法规，如《中华人民共和国宪法》《中华人民共和国土地法》《中华人民共和国物权法》《中华人民共和国行政法》等法律，《大中型水利水电工程征地补偿和移民安置条例》（国务院令第471号）等行政法规，《四川省大中型水利水电工程移民工作条例》等地方性法规。这些法律法规明确规定了在移民安置过程中参与各方的权利与义务，实现了移民安置过程的规范化，为移民安置的顺利实施提供了保障。

一方面，移民安置过程中涉及的方面众多，不同参与方之间的法律关系存在一定的差异，在移民安置过程中的法律关系，既可能是调整性的法律关系，也可能是保护性的法律关系；既可能是纵向的法律关系，也可能是横向的法律关系；既可能有单向法律关系，也有可能是双向法律关系或多向法律关系。另一方面，移民安置过程中需要遵循的法律较多，既需要遵循的基本法律如《中华人民共和国宪法》《中华人民共和国刑法》《中华人民共和国行政法》等，也需要遵循普通法律如《中华人民共和国文物保护法》等。同时国家相关部门及地方政府还专门针对移民安置工作制定了相关的行政法规和地方性法规。

因此，结合移民安置的实际情况和特点，从法律关系的含义和内涵出发，移民安置法律关系的内涵可以表述为：在移民安置过程中，与移民安置相关的法律在调整移民安置参与各方行为的过程中形成的特殊权利和义务的关系。

5.1.2　主要特征

5.1.2.1　参与主体

移民安置法律关系的主体是移民安置过程中的参加者，是指移民安置过程中参加法律关系、依法享有权利和承担义务的当事人。法律关系的主体主要包括公民（自然人）、机构和组织（法人）、国家、外国人和外国社会组织等。

根据移民安置过程的实际情况和移民安置的特点，在移民安置过程中的主要参与者包括：移民，项目法人，省级人民政府及市、县各级人民政府和相关部门，中介服务单位（设计单位、监理评估单位等）。

（1）移民。本书所指的"移民"是指因水利水电工程建设而遭受直接或间接影响，需要进行生产或生活安置的所有人，包括房屋必须拆除而搬迁的人，耕地、园地、林地、养殖水域等用于农业生产经营的土地被征用的土地所有者或生产经营者，房屋必须拆除的企业或机关事业单位的职工，征地后将丧失就业和收入来源的人口等。

对于受建设征地影响的公民，主要是指其生产生活受到建设征地影响的中国公民，一般不针对在中国境内的或者在境内活动的外国公民和无国籍人士。

对于受建设征地影响的机构或者组织（法人），主要是指其正常运行受到建设征地影响的相应组织或者机构。一般水利水电工程建设征地对其产生的影响可以分为两类：一是直接对该组织或者机构的办公用地或者场所产生影响，需要将其办公场所异地迁建或者复建，如水库将相应企事业单位的办公楼淹没后需要另行择址建设；二是对该组织或机构的相应设施造成影响，需要对其进行复建的，如水库对库区原有公路产生淹没影响，需要对淹没路段进行复建。总体来说，在移民安置法律关系中，移民这个参与主体主要为公民及各种企事业单位。

（2）项目法人。在移民安置过程中，项目法人主要是指投资、开发水利水电项目的企事业单位。其中，水电项目的项目法人主要为相应的水电开发公司，水利项目的项目法人主要为由相应主管部门成立的项目建设开发公司。可以看出，移民安置过程中的项目法人从法律关系参与主体的角度分析，主要为机构或者组织（法人）中的企事业单位。

（3）省级人民政府及市、县各级人民政府和相关部门。省级人民政府及市、县各级人民政府和相关部门是指在移民安置过程中涉及的各级地方政府和相关部门，主要是指建设征地区和移民安置区涉及的省级人民政府、市（州）级人民政府以及县级人民政府，同时还有各级移民管理机构及涉及的其他行业部门如水利、交通、电信等。

移民安置实行政府领导、分级负责、县为基础的机制，省、市（州）、县（市、区）人民政府负责本行政区域内大中型水利水电工程移民工作的组织和领导，建立移民工作协调机制，组织协调本行政区域内移民工作中的重大问题。因此，地方各级政府及相关部门为移民安置的重要参与主体。

（4）中介服务单位。中介服务单位主要是指参与移民安置的规划设计单位（综合设计设代单位）、综合监理单位以及独立评估等单位。其中，可研阶段的规划设计单位受项目业主或者项目主管部门委托，实施阶段综合设计设代单位、综合监理单位以及独立评估等单位受各级移民主管部门委托或联合项目法人共同委托，开展相应的移民安置工作。

移民安置的中介单位需要满足一定的资质和相应的要求，移民安置的中介单位从法律的角度来讲，主要是指机构和组织（法人）中的企事业单位。

5.1.2.2 主要客体

法律关系客体是指法律关系主体之间的权利和义务所指向的对象。它是一定利益的法律形式。任何外在的客体，一旦它承载某种利益价值，就可能成为法律关系客体。法律关系建立的目的，总是为了保护某种利益、获取某种利益，或分配、转移某种利益。从法律的角度来讲，其客体主要包括物、人身、精神产品和行为。

水利水电工程建设征地影响了当地人民的生产生活，且影响范围广，在移民安置法律关系中的主要客体如下：

（1）物。水利水电工程建设征地将会影响当地大面积的耕（园）地以及地上附着物，同时将会对建设征地范围内及部分范围外的房屋及附属设施、专业项目（如交通设施、电力设施、通信设施等）产生影响，这属于法律关系客体中的物。

（2）精神产品。水利水电工程建设征地涉及的范围较大，面积较为广阔，可能对部分地区特别是少数民族地区具有特色的文化习俗产生较大的影响，这属于法律关系客体中的精神产品。

5.1.2.3 基本特征

法律关系是以法律规范为前提的社会关系。法律关系是由于法律规范的存在而建立的社会关系，没有法律规范的存在，也就不可能形成与之相应的法律关系。移民安置法律关系是以移民安置相关法律规范的存在而建立的社会关系。

移民安置的法律关系可以从以下两个方面来理解：一方面，移民安置的法律关系属于法律关系的范畴，它是法律关系的组成部分，具有法律关系的相应特征和特点；另一方面，移民安置的法律关系存在于移民安置之中，其依赖于移民安置过程中应该遵循的法律和移民安置工作的实际情况，具有一定的特殊性，即其主要适用于移民安置过程中相关的法律关系。

因此，移民安置法律关系的基本特征主要表现如下：

（1）移民安置法律关系是以移民安置过程中权利与义务为内容的社会关系。法律关系是法律化的权利义务关系，是一种明确的、固定的权利义务关系移民安置法律关系。移民安置法律关系是以移民安置应该遵循的法律规定的权利与义务为内容，各参与方在移民安置过程中的权利和义务是明确和固定的。

（2）移民安置法律关系可以通过国家强制力进行执行和落实。法律关系是以国家强制力作为保障手段的社会关系。移民安置法律关系中的权利和义务是法律化的，是国家意志的体现，当某一参与方的权利受到侵犯或者其义务被拒绝履行，移民安置法律关系就会遭到破坏。此时，权利受侵害的参与方就有权请求国家机关运用国家强制力，责令侵害方履行义务或承担未履行义务所应承担的法律责任，即对违法者予以相应的制裁。例如，在移民安置过程中当移民的合法权利受到侵害时，移民有权利请求国家机关依据相应的法律采用强制力保障其权利，责令未履行义务的其他参与方承担义务和责任。

（3）移民安置法律关系是调整移民安置过程中行为规范的社会关系。移民安置法律关系主要是针对在移民安置过程中各方享受权利、履行义务的社会关系。移民安置法律关系是针对移民安置这个特定的工作过程以及参与该工作的相关人员的社会关系，其主要目的是规范移民安置过程中各方的行为，促使移民安置过程中各方能够履行各自职责、充分享受各自的权利，保障移民安置的顺利进行。

（4）移民安置参与方较多，法律关系相对复杂。移民安置过程中，涉及的参与方不仅包括移民、项目法人，还包括地方各级人民政府及相关部门，各方之间都存在一定的联系和交叉，不同的法律对不同参与方之间的权利和义务进行了规定和明确。在移民安置过程中的法律关系既可能是调整性的法律关系，也可能是保护性的法律关系；既可能是纵向的法律关系也可能是横向的法律关系；既可能有单向法律关系也有可能是双向法律关系或多向法律关系。从另一个方面看，移民安置过程中，既有可能存在民事法律关系，也有可能存在行政法律关系甚至刑事法律关系。因此，总体来说，由于移民安置涉及的参与方较多，移民安置法律关系相对较为复杂。

5.2　主要法律法规

5.2.1　基本和通用的法律法规

目前与水利水电工程移民相关的基本通用法律法规很多，主要包括《中华人民共和国宪法》《中华人民共和国土地管理法》等。

（1）《中华人民共和国宪法》。现行的《中华人民共和国宪法》由第十届全国人民代表大会第二次会议修订通过后，自 2004 年 3 月 14 日公布施行。

第九条规定："矿藏、水流、森林、山岭、草原、荒地、滩涂等自然资源，都属于国家所有，即全民所有；由法律规定属于集体所有的森林和山岭、草原、荒地、滩涂除外。"

第十条规定："国家为了公共利益的需要，可以依照法律规定对土地实行征收或者征用并给予补偿。任何组织或者个人不得侵占、买卖或者以其他形式非法转让土地。土地的使用权可以依照法律的规定转让。"

第十三条规定："公民的合法的私有财产不受侵犯。国家依照法律规定保护公民的私有财产权和继承权。国家为了公共利益的需要，可以依照法律规定对公民的私有财产实行征收或者征用并给予补偿。"

上述法律条款明确规定了水电工程建设项目法人同地方政府等的法律关系。

（2）《中华人民共和国土地管理法》。《中华人民共和国土地管理法》（第十一届全国人民代表大会常务委员会第十一次会议通过）中对移民安置法律关系做了以下规定。

第二条规定："国家为了公共利益的需要，可以依法对土地实行征收或者征用并给予补偿。"本条规定了国家及其代理机构与土地拥有者之间的法律关系，一是国家可以对土地进行征收或者征用；二是国家征收或者征用土地需要给相关人员给予补偿。

第三十一条规定："非农业建设经批准占用耕地的，按照'占多少，垦多少'的原则，由占用耕地的单位负责开垦与所占用耕地的数量和质量相当的耕地；没有条件开垦或者开垦的耕地不符合要求的，应当按照省、自治区、直辖市的规定缴纳耕地开垦费，专款用于开垦新的耕地。"针对水电工程建设，本条规定明确了建设项目法人同省级人民政府之间的法律关系，要求建设项目法人对占用的耕（园）地进行补偿。

第四十三条规定："任何单位和个人进行建设，需要使用土地的，必须依法申请使用国有土地。"针对水电工程建设，本条规定明确了工程建设项目法人与国家之间的法律关系。

第四十七条规定："征收土地的，按照被征收土地的原用途给予补偿。征收耕地的补偿费用包括土地补偿费、安置补助费以及地上附着物和青苗的补偿费。征收耕地的土地补偿费，为该耕地被征收前三年平均年产值的六至十倍。征收耕地的安置补助费，按照需要安置的农业人口数计算。需要安置的农业人口数，按照被征收的耕地数量除以征地前被征收单位平均每人占有耕地的数量计算。每一个需要安置的农业人口的安置补助费标准，为该耕地被征收前三年平均年产值的四至六倍。但是，每公顷被征收耕地的安置补助费，最高不得超过被征收前三年平均年产值的十五倍。征收其他土地的土地补偿费和安置补助费标准，由省、自治区、直辖市参照征收耕地的土地补偿费和安置补助费的标准规定。"本规定针对水电工程建设，明确了项目业主和移民之间的法律关系，即项目业主需要给移民被征收和征用的土地予以赔偿。

第五十四条规定："建设单位使用国有土地，应当以出让等有偿使用方式取得；但是，下列建设用地，经县级以上人民政府依法批准，可以以划拨方式取得：

（一）国家机关用地和军事用地；

（二）城市基础设施用地和公益事业用地；

（三）国家重点扶持的能源、交通、水利等基础设施用地；

（四）法律、行政法规规定的其他用地。"

针对水电工程建设，本规定明确规定了项目法人使用国有土地的同地方政府的法律关系。

（3）《中华人民共和国水法》。现行的《中华人民共和国水法》由第九届全国人民代表大会常务委员会第二十九次会议于 2002 年 8 月 29 日修订通过，自 2002 年 10 月 1 日起施行。2016 年 7 月 2 日第十二届全国人民代表大会常务委员会第二十一次会议通过修改。

第十九条规定："建设水工程，必须符合流域综合规划。在国家确定的重要江河、湖泊和跨省、自治区、直辖市的江河、湖泊上建设水工程，其工程可行性研究报告报请批准前，有关流域管理机构应当对水工程的建设是否符合流域综合规划进行审查并签署意见；在其他江河、湖泊上建设水工程，其工程可行性研究报告报请批准前，县级以上地方人民政府水行政主管部门应当按照管理权限对水工程的建设是否符合流域综合规划进行审查并签署意见。水工程建设涉及防洪的，依照防洪法的有关规定执行；涉及其他地区和行业的，建设单位应当事先征求有关地区和部门的意见。"本规定明确了水电建设项目法人与国家机关的相应法律关系，水电工程建设应该符合国家和行业相关规划。

第二十九条规定："国家对水工程建设移民实行开发性移民的方针，按照前期补偿、补助与后期扶持相结合的原则，妥善安排移民的生产和生活，保护移民的合法权益。移民安置应当与工程建设同步进行。建设单位应当根据安置地区的环境容量和可持续发展的原则，因地制宜，编制移民安置规划，经依法批准后，由有关地方人民政府组织实施。所需移民经费列入工程建设投资计划。"本规定对水电工程建设项目法人同移民、地方政府等的法律关系进行了明确。

（4）《中华人民共和国物权法》。《中华人民共和国物权法》由第十届全国人民代表大会第五次会议于 2007 年 3 月 16 日通过，自 2007 年 10 月 1 日起施行。

第三十九条规定："所有权人对自己的不动产或者动产，依法享有占有、使用、收益和处分的权利。"第四十条规定："所有权人有权在自己的不动产或者动产上设立用益物权和担保物权。用益物权人、担保物权人行使权利，不得损害所有权人的权益。"上述规定明确了水电工程移民及相关各方对自己的不动产的权利，水电建设影响相应不动产的，建设方应给与相应的赔偿。

第四十一条规定："为了公共利益的需要，依照法律规定的权限和程序可以征收集体所有的土地和单位、个人的房屋及其他不动产。征收集体所有的土地，应当依法足额支付土地补偿费、安置补助费、地上附着物和青苗的补偿费等费用，安排被征地农民的社会保障费用，保障被征地农民的生活，维护被征地农民的合法权益。征收单位、个人的房屋及其他不动产，应当依法给予拆迁补偿，维护被征收人的合法权益；征收个人住宅的，还应当保障被征收人的居住条件。任何单位和个人不得贪污、挪用、私分、截留、拖欠征收补偿费等费用。"本条明确规定了建设项目法人同移民、地方政府同移民以及项目法人同地方政府之间的法律关系。

（5）《中华人民共和国文物保护法》。《中华人民共和国文物保护法》于2013年6月29日第十二届全国人民代表大会常务委员会第三次会议修改。

第二十条规定："建设工程选址，应当尽可能避开不可移动文物；因特殊情况不能避开的，对文物保护单位应当尽可能实施原址保护。

"实施原址保护的，建设单位应当事先确定保护措施，根据文物保护单位的级别报相应的文物行政部门批准，并将保护措施列入可行性研究报告或者设计任务书。

"无法实施原址保护，必须迁移异地保护或者拆除的，应当报省、自治区、直辖市人民政府批准；迁移或者拆除省级文物保护单位的，批准前须征得国务院文物行政部门同意。全国重点文物保护单位不得拆除；需要迁移的，须由省、自治区、直辖市人民政府报国务院批准。

"依照前款规定拆除的国有不可移动文物中具有收藏价值的壁

画、雕塑、建筑构件等，由文物行政部门指定的文物收藏单位收藏。

"本规定的原址保护、迁移、拆除所需费用，由建设单位列入建设工程预算。"

可以看出，本规定明确了水电工程建设项目法人与文物保护单位或者行业部门之间的法律关系。

（6）《中华人民共和国矿产资源法》。该法由 1986 年 3 月 19 日第六届全国人民代表大会常务委员会第十五次会议修订通过，自 1986 年 10 月 1 日起施行。

第三十三条规定："在建设铁路、工厂、水库、输油管道、输电线路和各种大型建筑物或者建筑群之前，建设单位必须向所在省、自治区、直辖市地质矿产主管部门了解拟建工程所在地区的矿产资源分布和开采情况。非经国务院授权的部门批准，不得压覆重要矿床。"

本规定明确水电工程建设项目法人与矿产资源单位或者行业部门之间的法律关系。

（7）《中华人民共和国森林法》。该法于 1998 年 4 月 29 日第九届全国人民代表大会常务委员会第二次会议《关于修改〈中华人民共和国森林法〉的决定》修正。

第十八条规定："进行勘查、开采矿藏和各项建设工程，应当不占或者少占林地；必须占用或者征收、征用林地的，经县级以上人民政府林业主管部门审核同意后，依照有关土地管理的法律、行政法规办理建设用地审批手续，并由用地单位依照国务院有关规定缴纳森林植被恢复费。森林植被恢复费专款专用，由林业主管部门依照有关规定统一安排植树造林，恢复森林植被，植树造林面积不得少于因占用、征收、征用林地而减少的森林植被面积。上级林业主管部门应当定期督促、检查下级林业主管部门组织植树造林、恢复森林植被的情况。

"任何单位和个人不得挪用森林植被恢复费。县级以上人民政府审计机关应当加强对森林植被恢复费使用情况的监督。"

本规定明确了水电工程建设项目法人同行业部门（林业主管部门）的法律关系，水电工程建设影响森林植被的应当进行恢复。

（8）《中华人民共和国草原法》。该法于2013年6月29日第十二届全国人民代表大会常务委员会第三次会议通过《关于修改〈中华人民共和国文物保护法〉等十二部法律的决定》，自公布之日起施行。

第三十八条规定："进行矿藏开采和工程建设，应当不占或者少占草原；确需征收、征用或者使用草原的，必须经省级以上人民政府草原行政主管部门审核同意后，依照有关土地管理的法律、行政法规办理建设用地审批手续。"

第三十九条规定："因建设征收、征用集体所有的草原的，应当依照《中华人民共和国土地管理法》的规定给予补偿；因建设使用国家所有的草原的，应当依照国务院有关规定对草原承包经营者给予补偿。

"因建设征收、征用或者使用草原的，应当交纳草原植被恢复费。草原植被恢复费专款专用，由草原行政主管部门按照规定用于恢复草原植被，任何单位和个人不得截留、挪用。草原植被恢复费的征收、征用、使用和管理办法，由国务院价格主管部门和国务院财政部门会同国务院草原行政主管部门制定。"

第四十条规定："需要临时占用草原的，应当经县级以上地方人民政府草原行政主管部门审核同意。

"临时占用草原的期限不得超过二年，并不得在临时占用的草原上修建永久性建筑物、构筑物；占用期满，用地单位必须恢复草原植被并及时退还。"

第四十一条规定："在草原上修建直接为草原保护和畜牧业生产服务的工程设施，需要使用草原的，由县级以上人民政府草原行政主管部门批准；修筑其他工程，需要将草原转为非畜牧业生产用地的，必须依法办理建设用地审批手续。"

上述几条规定，明确了水电工程建设项目法人同行业部门、建设项目法人同移民之间的法律关系，一是建设项目法人需要向国家缴纳相应费用,二是项目法人需要对占用的草地进行相应的赔偿。

(9)《中华人民共和国农村土地承包法》。现行《中华人民共和国农村土地承包法》是由中华人民共和国第九届全国人民代表大会常务委员会第二十九次会议于 2002 年 8 月 29 日通过,自 2003 年 3 月 1 日起施行的。

第十六条规定:"承包方享有下列权利:

(一) 依法享有承包地使用、收益和土地承包经营权流转的权利,有权自主组织生产经营和处置产品;

(二) 承包地被依法征收、征用、占用的,有权依法获得相应的补偿;

(三) 法律、行政法规规定的其他权利。"

从规定可以看出,水电工程建设征收和征用被承包的农村集体经济组织土地的,需要依法对其承包者进行相应的赔偿,明确规定了水电工程建设项目法人与移民之间的法律关系。

(10)《中华人民共和国水土保持法》。现行《中华人民共和国水土保持法》是由中华人民共和国第十一届全国人民代表大会常务委员会第十八次会议于 2010 年 12 月 25 日修订通过,自 2011 年 3 月 1 日起施行的。

第三十二条规定:"开办生产建设项目或者从事其他生产建设活动造成水土流失的,应当进行治理。

"在山区、丘陵区、风沙区以及水土保持规划确定的容易发生水土流失的其他区域开办生产建设项目或者从事其他生产建设活动,损坏水土保持设施、地貌植被,不能恢复原有水土保持功能的,应当缴纳水土保持补偿费,专项用于水土流失预防和治理。专项水土流失预防和治理由水行政主管部门负责组织实施。水土保持补偿费的收取使用管理办法由国务院财政部门、国务院价格主管部门会同国务院水行政主管部门制定。

"生产建设项目在建设过程中和生产过程中发生的水土保持费用,按照国家统一的财务会计制度处理。"

第三十八条规定:"对生产建设活动所占用土地的地表土应当

进行分层剥离、保存和利用，做到土石方挖填平衡，减少地表扰动范围；对废弃的砂、石、土、矸石、尾矿、废渣等存放地，应当采取拦挡、坡面防护、防洪排导等措施。生产建设活动结束后，应当及时在取土场、开挖面和存放地的裸露土地上植树种草、恢复植被，对闭库的尾矿库进行复垦。

"在干旱缺水地区从事生产建设活动，应当采取防止风力侵蚀措施，设置降水蓄渗设施，充分利用降水资源。"

上述规定可以看出，水电工程建设过程中将会对地貌植被等造成影响，水电工程建设项目法人一方面应该对其造成的水土流失进行治理，并缴纳相应的水土保持补偿费；另一方面，对因水电工程建设活动所占用土地的地表土应当进行分层剥离、保存和利用，做到土石方挖填平衡，减少地表扰动范围。上述规定明确了水电工程项目法人同国家及相关部门之间的法律关系。

（11）《中华人民共和国环境保护法》。现行《中华人民共和国环境保护法》是由第十二届全国人民代表大会常务委员会第八次会议于 2014 年 4 月 24 日修订通过，自 2015 年 1 月 1 日起施行的。

第四十一条规定："建设项目中防治污染的设施，应当与主体工程同时设计、同时施工、同时投产使用。防治污染的设施应当符合经批准的环境影响评价文件的要求，不得擅自拆除或者闲置。"

第四十二条规定："排放污染物的企业事业单位和其他生产经营者，应当采取措施，防治在生产建设或者其他活动中产生的废气、废水、废渣、医疗废物、粉尘、恶臭气体、放射性物质以及噪声、振动、光辐射、电磁辐射等对环境的污染和危害。"

上述规定明确了在水电工程移民安置过程中的建设项目应该注重环境保护，不能对当地环境和生态造成污染，明确规定了水电工程建设项目法人同国家政府和相关行业部门之间的法律关系。

（12）《中华人民共和国城市房地产管理法》。现行《中华人民共和国城市房地产管理法》是由第十一届全国人民代表大会常务委员会第十次会议《全国人民代表大会常务委员会关于修改部分法律的决定》于 2009 年 8 月 27 日第二次修正形成的。

第六条规定："为了公共利益的需要，国家可以征收国有土地上单位和个人的房屋，并依法给予拆迁补偿，维护被征收人的合法权益；征收个人住宅的，还应当保障被征收人的居住条件。具体办法由国务院规定。"

该定规明确了水电工程建设影响城市房屋时，项目法人同相应的移民之间的法律关系，项目法人应对移民所有的房屋进行合理补偿。

（13）《国有土地上房屋征收与补偿条例》。现行《国有土地上房屋征收与补偿条例》，由国务院于2011年1月21日发布实施。

第二条规定："为了公共利益的需要，征收国有土地上单位、个人的房屋，应当对被征收房屋所有权人（以下称被征收人）给予公平补偿。"

第八条规定："为了保障国家安全、促进国民经济和社会发展等公共利益的需要，有下列情形之一，确需要征收房屋的，由市、县级人民政府作出房屋征收决定：

（一）国防和外交的需要；

（二）由政府组织实施的能源、交通、水利等基础设施建设的需要；

（三）由政府组织实施的科技、教育、文化、卫生、体育、环境和资源保护、防灾减灾、文物保护、社会福利、市政公用等公共事业的需要；

（四）由政府组织实施的保障性安居工程建设的需要；

（五）由政府依照城乡规划法有关规定组织实施的对危房集中、基础设施落后等地段进行旧城区改建的需要；

（六）法律、行政法规规定的其他公共利益的需要。"

第十九条规定："对被征收房屋价值的补偿，不得低于房屋征收决定公告之日被征收房屋类似房地产的市场价格。被征收房屋的价值，由具有相应资质的房地产价格评估机构按照房屋征收评估办法评估确定。

"对评估确定的被征收房屋价值有异议的，可以向房地产价格评估机构申请复核评估。对复核结果有异议的，可以向房地产价格评估专家委员会申请鉴定。

"房屋征收评估办法由国务院住房城乡建设主管部门制定，制定过程中，应当向社会公开征求意见。"

上述规定明确了水电工程建设涉及国有土地上房屋时，国家政府和相应部门同移民之间的法律关系。

第十七条规定："作出房屋征收决定的市、县级人民政府对被征收人给予的补偿包括：

（一）被征收房屋价值的补偿；

（二）因征收房屋造成的搬迁、临时安置的补偿；

（三）因征收房屋造成的停产停业损失的补偿。

"市、县级人民政府应当制定补助和奖励办法，对被征收人给予补助和奖励。"

第十八条规定："征收个人住宅，被征收人符合住房保障条件的，作出房屋征收决定的市、县级人民政府应当优先给予住房保障。具体办法由省、自治区、直辖市制定。"

上述规定明确了水电工程建设涉及国有土地上房屋时，项目法人同移民之间的法律关系，项目法人对于国有土地上房屋应该进行合理的补偿。

（14）《中华人民共和国招标投标法》。现行《中华人民共和国招标投标法》是由第九届全国人民代表大会常务委员会第十一次会议于 1999 年 8 月 30 日通过，现予公布，自 2000 年 1 月 1 日起施行。

《中华人民共和国招标投标法》是对招标投标进行规范的法律。水电工程移民安置过程中相关工程项目，特别是相关专业项目的建设的招标、投标等必须遵守《中华人民共和国招标投标法》的相关规定，如第二十八条规定"投标人应当在招标文件要求提交投标文件的截止时间前，将投标文件送达投标地点。招标人收到投标文件后，应当签收保存，不得开启。投标人少于三个的，招标人应当依照本法重新招标。在招标文件要求提交投标文件的截止时间后送达的投标文件，招标人应当拒收"。第四十八条规定"中标人应当按照合同约定履行义务，完成中标项目。中标人不得向他人转让中标项目，也不得将中标项目肢解后分别向他人转让。中标人按照合同约定或者经招标人同意，可以将中标项目的部分非主体、非关键性工作分包给他人完成。接受分包的人应当具备相应的资格条件，并不得再次分包。"

（15）《中华人民共和国合同法》。现行《中华人民共和国合同法》是第九届全国人民代表大会第二次会议于 1999 年 3 月 15 日通过，自 1999 年 10 月 1 日起施行。

在水电工程移民安置过程中，相关各方均需要通过合同的形式对相关工作进行规范和约定，需要遵守《中华人民共和国合同法》的相关规定和内容。

如《中华人民共和国合同法》第三十条规定："承诺的内容应当与要约的内容一致。受要约人对要约的内容作出实质性变更的，为新要约。有关合同标的、数量、质量、价款或者报酬、履行期限、履行地点和方式、违约责任和解决争议方法等的变更，是对要约内容的实质性变更"，第六十一条规定"合同生效后，当事人就质量、价款或者报酬、履行地点等内容没有约定或者约定不明确的，可以协议补充；不能达成补充协议的，按照合同有关条款或者交易习惯确定。"

（16）《中华人民共和国城市规划法》。现行《中华人民共和国城市规划法》是第十届全国人民代表大会常务委员会第三十次会议于 2007 年 10 月 28 日通过，2015 年 4 月 24 日，第十二届全国人民代表大会常务委员会第十四次会议通过对《中华人民共和国城乡规划法》做出修改。水利水电工程建设征地有可能涉及城市和集镇，在进行城市、集镇的规划设计过程中，应遵守《中华人民共和国城市规划法》的相应规定。

第四条规定："制定和实施城乡规划，应当遵循城乡统筹、合理布局、节约土地、集约发展和先规划后建设的原则，改善生态环境，促进资源、能源节约和综合利用，保护耕地等自然资源和历史文化遗产，保持地方特色、民族特色和传统风貌，防止污染和其他公害，并符合区域人口发展、国防建设、防灾减灾和公共卫生、公共安全的需要。

"在规划区内进行建设活动，应当遵守土地管理、自然资源和环境保护等法律、法规的规定。

"县级以上地方人民政府应当根据当地经济社会发展的实际，在城市总体规划、镇总体规划中合理确定城市、镇的发展规模、步骤和建设标准。"

第五条规定："城市总体规划、镇总体规划以及乡规划和村庄规划的编制，应当依据国民经济和社会发展规划，并与土地利用总体规划相衔接。"

第十五条规定："县人民政府组织编制县人民政府所在地镇的总体规划，报上一级人民政府审批。其他镇的总体规划由镇人民政府组织编制，报上一级人民政府审批。"

第十八条规定："乡规划、村庄规划应当从农村实际出发，尊重村民意愿，体现地方和农村特色。

"乡规划、村庄规划的内容应当包括：规划区范围，住宅、道路、供水、排水、供电、垃圾收集、畜禽养殖场所等农村生产、生活服务设施、公益事业等各项建设的用地布局、建设要求，以及对耕地等自然资源和历史文化遗产保护、防灾减灾等的具体安排。乡规划还应当包括本行政区域内的村庄发展布局。"

在水利水电工程涉及的城市集镇规划设计过程中，应该严格遵循上述规定和要求，开展相应的规划设计工作和遵从相应的审批流程，以保证城市和集镇的规划设计符合要求。

(17)《中华人民共和国政府采购法》。现行《中华人民共和国政府采购法》是由全国人民代表大会常务委员会于 2002 年 6 月 29 日发布，自 2003 年 1 月 1 日起施行。水利水电工程建设征地移民安置，特别是相关专业项目的复建、居民点等建设形成了"代建""总承包"模式，在进行代建的过程中，应该遵循《中华人民共和国政府采购法》。

第二十五条规定："政府采购当事人不得相互串通损害国家利益、社会公共利益和其他当事人的合法权益；不得以任何手段排斥其他供应商参与竞争。"

在进行水利水电工程相关专业项目代建的过程中，应该遵守《中华人民共和国政府采购法》的相关规定，切实做好代建项目的管理。

（18）《中华人民共和国建筑法》。现行《中华人民共和国建筑法》是经第八届全国人民代表大会常务委员会第二十八次会议于1997年11月1日通过；根据2011年4月22日第十一届全国人民代表大会常务委员会第二十次会议《关于修改〈中华人民共和国建筑法〉的决定》修正的。水利水电工程建设征地移民安置，涉及建筑工程相关工作时应该遵循《中华人民共和国建筑法》。

第二十四条规定："提倡对建筑工程实行总承包，禁止将建筑工程肢解发包。

"建筑工程的发包单位可以将建筑工程的勘察、设计、施工、设备采购一并发包给一个工程总承包单位，也可以将建筑工程勘察、设计、施工、设备采购的一项或者多项发包给一个工程总承包单位；但是，不得将应当由一个承包单位完成的建筑工程肢解成若干部分发包给几个承包单位。"

在进行水利水电工程移民安置相关项目建设的过程中，应该遵循《中华人民共和国建筑法》中对于建筑许可、建筑工程发包与承包、建筑工程监理、建筑安全生产管理等相关的规定。

（19）《中华人民共和国安全生产法》。现行《中华人民共和国安全生产法》是第十二届全国人民代表大会常务委员会第十次会议于2014年8月31日通过全国人民代表大会常务委员会关于修改《中华人民共和国安全生产法》的决定，自2014年12月1日起施行的。在进行水利水电工程移民安置相关项目建设的过程中，相关项目的建设生产和施工均应该遵守该法律的相关规定和要求。如第二十条规定"生产经营单位应当具备的安全生产条件所必需的资金投入，由生产经营单位的决策机构、主要负责人或者个人经营的投资人予以保证，并对由于安全生产所必需的资金投入不足导致的后果承担责任。"

（20）其他通用法律。同时，其他通用法律法规如《中华人民共和国民族区域自治法》《中华人民共和国水污染防护法》《中华人民共和国野生动物保护法》等都对水电移民法律关系进行了相应的阐述，明确规定了水电工程建设项目法人同国家政府和相关部门、项目法人同移民、相关政府同移民之间的法律关系。

5.2.2 移民专用法规

我国水利水电工程移民依据的最重要的专用法规是《大中型水利水电工程建设征地补偿和移民安置条例》。

我国第一部《大中型水利水电工程建设征地补偿和移民安置条例》是 1991 年 1 月 25 日经国务院第 77 次常务会议通过，1991 年 2 月 25 日国务院 74 号令发布，自 1991 年 5 月 1 日起实行的。为了给新时期的移民工作提供有效的法律保障，切实维护移民合法权益，水利部会同有关部门在认真总结实践经验的基础上，根据土地管理法和水法有关规定，起草了现行条例的修订草案，报请国务院审批。法制办在修改审查工作中，坚持保护移民合法权益、维护社会稳定、落实科学发展观的指导思想，先后五次征求了有关部门和省级人民政府意见，多次到地方调研，在此基础上，会同有关部门对修订草案进行了反复的研究、协调和修改。2006 年 3 月 29 日，国务院第 130 次常务会议讨论通过了全面修订后的《大中型水利水电工程建设征地补偿和移民安置条例》。2006 年 7 月 7 日，国务院以第 471 号令公布了该条例，自 2006 年 9 月 1 日起正式施行。新条例共 8 章 63 条，从保护移民合法权益、维护社会稳定的原则出发，明确了移民工作管理体制，强化了移民安置规划的法律地位，特别是对征收耕地的土地补偿费和安置补助费标准、移民安置的程序和方式、水库移民后期扶持制度以及移民工作的监督管理等问题作了比较全面的规定，加大了补偿力度。

其中，同实施阶段有关的规定如下：

第五条规定："移民安置工作实行政府领导、分级负责、县为基础、项目法人参与的管理体制。

"国务院水利水电工程移民行政管理机构（以下简称国务院移民管理机构）负责全国大中型水利水电工程移民安置工作的管理和监督。

"县级以上地方人民政府负责本行政区域内大中型水利水电工程移民安置工作的组织和领导；省、自治区、直辖市人民政府规定的移民管理机构，负责本行政区域内大中型水利水电工程移民安置工作的管理和监督。"

本条规定明确了移民安置工作各级政府及移民行业主管部门之间的法律关系，同时项目法人应该参与到移民安置工作中，明确项目法人与各级政府之间的法律关系。

第二十六条规定："移民区和移民安置区县级以上地方人民政府负责移民安置规划的组织实施。"

第二十七条规定："大中型水利水电工程开工前，项目法人应当根据经批准的移民安置规划，与移民区和移民安置区所在的省、自治区、直辖市人民政府或者市、县人民政府签订移民安置协议；签订协议的省、自治区、直辖市人民政府或者市人民政府，可以与下一级有移民或者移民安置任务的人民政府签订移民安置协议。"

本条规定明确了移民安置工作各级政府及移民行业主管部门之间的法律关系，各级政府和移民管理部门之间的法律关系可以通过移民安置协议来具体确定具体内容。

第二十八条规定："项目法人应当根据大中型水利水电工程建设的要求和移民安置规划，在每年汛期结束后 60 日内，向与其签订移民安置协议的地方人民政府提出下年度移民安置计划建议；签订移民安置协议的地方人民政府，应当根据移民安置规划和项目法人的年度移民安置计划建议，在与项目法人充分协商的基础上，组织编制并下达本行政区域的下年度移民安置年度计划。"

第二十九条规定："项目法人应当根据移民安置年度计划，按照移民安置实施进度将征地补偿和移民安置资金支付给与其签订移民安置协议的地方人民政府。"

第三十一条规定："农村移民在本省行政区域内其他县安置的，与项目法人签订移民安置协议的地方人民政府，应当及时将相应的征地补偿和移民安置资金交给移民安置区县级人民政府，用于安排移民的生产和生活。

"农村移民跨省安置的，项目法人应当及时将相应的征地补偿和移民安置资金交给移民安置区省、自治区、直辖市人民政府，用于安排移民的生产和生活。"

本条规定明确了移民安置工作各级政府、移民行业主管部门同项目法人之间的法律关系，项目法人应该按照相关规定按时上报计划和支付资金。

第三十条规定："农村移民在本县通过新开发土地或者调剂土地集中安置的，县级人民政府应当将土地补偿费、安置补助费和集体财产补偿费直接全额兑付给该村集体经济组织或者村民委员会。

"农村移民分散安置到本县内其他村集体经济组织或者村民委员会的，应当由移民安置村集体经济组织或者村民委员会与县级人民政府签订协议，按照协议安排移民的生产和生活。"

第三十二条规定："搬迁费以及移民个人房屋和附属建筑物、个人所有的零星树木、青苗、农副业设施等个人财产补偿费，由移民区县级人民政府直接全额兑付给移民。"

本规定明确了地方政府和移民之间的关系，即地方政府应将相符法人支付的相应资金及时、足额的对付给移民，在安置过程中，地方政府应该同移民签订相应的安置协议，是法律关系更加明确具体。

第三十三条规定："移民自愿投亲靠友的，应当由本人向移民区县级人民政府提出申请，并提交接收地县级人民政府出具的接收证明；移民区县级人民政府确认其具有土地等农业生产资料后，应当与接收地县级人民政府和移民共同签订协议，将土地补偿费、安置补助费交给接收地县级人民政府，统筹安排移民的生产和生活，将个人财产补偿费和搬迁费发给移民个人。"

本规定明确了移民安置区和移民区政府之间的法律关系，同时也明确了移民与地方政府之间的法律关系。

第三十四条规定："城（集）镇迁建、工矿企业迁建、专项设施迁建或者复建补偿费，由移民区县级以上地方人民政府交给当地人民政府或者有关单位。因扩大规模、提高标准增加的费用，由有关地方人民政府或者有关单位自行解决。"

本规定明确了项目法人与涉及专业项目的单位及行业主管部门之间的法律关系，同时也明确了地方政府与各行业部门的法律关系。

第三十五条规定："农村移民集中安置的农村居民点应当按照经批准的移民安置规划确定的规模和标准迁建。

"农村移民集中安置的农村居民点的道路、供水、供电等基础设施，由乡（镇）、村统一组织建设。

"农村移民住房，应当由移民自主建造。有关地方人民政府或者村民委员会应当统一规划宅基地，但不得强行规定建房标准。"

第三十六条规定："农村移民安置用地应当依照《中华人民共和国土地管理法》和《中华人民共和国农村土地承包法》办理有关手续"。

上述规定明确了移民同各级移民主管部门及其他行业管理部门的法律关系，在移民安置过程中，移民需要遵循相关的法律法规。

《大中型水利水电工程建设征地补偿和移民安置条例》（国务院令第471号）规定和明确了各级政府及移民管机构之间、移民与地方政府（移民管理机构）之间、各级政府及移民管机构与项目法人之间、项目法人与移民之间、项目法人与行业管理部门之间、各级政府及移民管机构与其他行业部门之间的法律关系。

5.2.3　地方性法规政策

各地在执行基本和通用法律法规以及移民专项法规的基础上，还根据自身的特点和行政区域内的实际情况，在基本和通用法律法规以及移民专项法规的框架内，制定了相应的地方性法规和政策。

以四川省为例,其针对水利水电移民安置主要制定了一系列政策(表5.1)。

表5.1 四川省法规政策一览表

序号	层级	名　　称
1	省级	《四川省大中型水利水电工程移民工作条例》(2016年7月23通过)
2		《四川省〈大中型水利水电工程建设征地补偿和移民安置条例〉实施办法》(四川省人民政府令第268号)
3		《四川省人民政府关于贯彻国务院水库移民政策的意见》(川府发〔2006〕24号)
4		《关于我省大中型水电工程移民安置政策有关问题的通知》(川发改能源〔2008〕722号)
5		《四川省人民政府办公厅转发〈省国土资源厅关于调整征地补偿安置标准等有关问题的意见〉的通知》(川办函〔2008〕73号)
6		《四川省人民政府办公厅转发省扶贫移民局〈四川省大中型水利水电工程移民工作管理办法(试行)〉的通知》(川办函〔2014〕27号)
7		《四川省社会稳定风险评估暂行办法》(四川省人民政府令第246号)
8	省级主管部门	《关于大型水利水电工程移民安置实施阶段规划设计工作的通知》
9		《四川省扶贫和移民工作局关于印发〈四川省大中型水利水电工程移民安置监督评估管理办法〉的通知》
10		《四川省扶贫和移民工作局关于印发〈四川省大中型水利水电工程移民安置实施阶段设计管理办法〉的通知》
11		《四川省扶贫和移民工作局关于印发〈四川省大中型水利水电工程移民安置验收管理办法〉的通知》
12		《四川省扶贫和移民工作局关于印发〈四川省大型水利水电工程移民安置综合监理工作考核办法〉的通知》
13		《四川省扶贫和移民工作局关于印发〈四川省大型水利水电工程移民安置综合设计(设代)工作考核办法〉的通知》
14		四川省扶贫和移民工作局关于印发《四川省大型水利水电工程移民安置独立评估工作考核办法》的通知
15		《四川省扶贫和移民工作局四川省发展和改革委员会关于〈在全省大中型水利水电工程试行先移民后建设有关问题〉的通知》
16		《四川省扶贫和移民工作局关于加强和改进信访维稳工作的意见》

对四川省政府或者省人民代表大会颁布的相关法规进行的梳理如下:

(1)《四川省大中型水利水电工程移民工作条例》。本条例是为了规范大中型水利水电工程移民工作，维护移民合法权益，保障工程建设的顺利进行，在结合相关法律、法规及四川省实际情况的基础上而制定的，并于2016年9月1日起施行。其中，同实施阶段有关的规定如下：

第二十四条规定："大型水电工程和跨市（州）的大型水利工程开工前，项目法人应当与省人民政府或者其委托的移民管理机构签订移民安置协议。中型水利水电工程和不跨市（州）的大型水利工程开工前，项目法人应当与市（州）人民政府或者其委托的移民管理机构签订移民安置协议。省人民政府与市（州）人民政府应当签订移民安置项目责任书，市（州）人民政府与县（市、区）人民政府应当签订移民安置项目责任书。"

本规定明确了项目法人与地方政府或移民管理机构之间、各级地方政府之间的法律关系，主要以签订移民安置协议或移民安置项目责任书的形式来明确各方的责权利。

第二十五条规定："省人民政府移民管理机构负责大型水电工程和跨市（州）的大型水利工程移民安置实施阶段综合设计单位和技术咨询审查机构的委托；市（州）人民政府移民管理机构负责中型水利水电工程和不跨市（州）大型水利工程移民安置实施阶段综合设计单位和技术咨询审查机构的委托。签订移民安置协议的移民管理机构与项目法人应当通过招标方式共同委托移民安置综合监理单位和独立评估单位。"

本规定明确了移民管理机构与综合设计单位之间、移民管理机构及项目法人与监督评估单位之间的法律关系，主要以委托的形式来明确各方的具体工作内容。

第二十八条规定："县（市、区）人民政府根据移民安置规划，与移民户签订搬迁安置或者生产安置协议，与被迁建或者补偿单位签订搬迁安置或者补偿协议。"

本规定明确了地方政府与移民、相关单位之间的法律关系，主要以签订安置或补偿协议的形式对具体内容予以明确。

第三十条规定："县（市、区）人民政府或者省、市（州）人民政府移民管理机构依据批准的移民安置规划与企事业单位和水利、交通、电力、电信等专项设施权属单位签订补偿和迁建或者复建协议。迁建或者复建项目建设完成后，有关行业主管部门应当会同移民管理机构及时组织验收并移交使用。"

本规定明确了地方政府或移民管理机构与专项设施权属单位之间的法律关系，主要以签订补偿和迁建或者复建协议的形式对具体内容予以明确。

（2）《四川省〈大中型水利水电工程建设征地补偿和移民安置条例〉实施办法》（四川省人民政府令第 268 号）。本办法是在结合本省实际的基础上，为有效实施《大中型水利水电工程建设征地补偿和移民安置条例》（国务院令第 471 号）而制定的，并于 2013 年 6 月 1 日起施行。其中，同实施阶段有关的规定如下。

第三条规定："移民安置工作实行政府领导、分级负责、县为基础、项目法人参与的管理体制。省水利水电工程移民主管机构（以下简称省移民管理机构）负责全省大中型水利水电工程移民安置工作的管理和监督。省发展改革（能源）、国土资源、环境保护、住房城乡建设、水利、林业、文化等部门在各自职责范围内做好相关工作。市（州）、县（市、区）人民政府履行工作主体、实施主体和责任主体职责，负责本行政区域内移民安置和社会稳定工作。"

本条规定明确了四川省、市（州）、县（市、区）各级政府之间、移民管理机构与其他相关行业部门之间的法律关系。

第二十四条规定："大型水利水电工程开工前，项目法人应与省人民政府或其委托的移民管理机构签订移民安置协议；中型水利水电工程开工前，项目法人应与市（州）人民政府或其委托的移民管理机构签订移民安置协议。"

第二十五条规定："项目法人应于每年 10 月底前，向与其签订移民安置协议的地方人民政府或其委托的移民管理机构提出下一年度移民安置计划建议。"

本条规定明确了项目法人与各级政府或移民管理机构之间的法

律关系，主要以签订移民安置协议的形式来明确工作内容、职责等。

第二十六条规定："农村移民在本县（市、区）农业安置的，县（市、区）移民管理机构应将规划的生产安置费直接全额兑付给安置区集体经济组织，用于安置移民。农村移民在县（市、区）外农业安置的，移民区县（市、区）人民政府应与移民安置区县（市、区）人民政府签订移民安置协议，并按协议将相应的征地补偿和移民安置费用交给移民安置区县（市、区）人民政府，用于安排移民的生产和生活。"

本规定明确了移民区和移民安置区政府之间的法律关系，主要以签订移民安置协议的形式对征地补偿、移民安置费用兑付等相关内容予以明确。

第二十七条规定："农村移民选择投亲靠友、自谋职业、自谋出路方式安置的，应由本人向当地乡（镇）人民政府提出申请，经县（市、区）人民政府批准后与县（市、区）移民管理机构签订协议。县（市、区）移民管理机构按审定的标准，将生产安置费直接全额兑付给移民个人。"

本规定明确了移民与地方政府或移民管理机构之间的法律关系，主要以签订协议来的形式对安置方式选择、补偿费用兑付等相关内容予以明确。

第三十条规定："城（集）镇迁建、工矿企业迁建、专项设施迁建或复建补偿费，由移民区县级以上地方人民政府交给当地人民政府或有关单位。"

第三十一条规定："移民安置完成阶段性目标和移民安置工作完毕后，由省人民政府或其委托的有关部门组织验收。"

本规定明确了各级地方政府之间、地方政府与相关行业主管部门之间的法律关系。

（3）《四川省社会稳定风险评估暂行办法》（四川省人民政府令第 313 号）。本办法是为规范社会稳定风险评估工作，维护人民群众根本利益，在结合国家有关规定和四川省实际情况的基础上而制定的，并于 2016 年 11 月 1 日起施行。其中，同实施阶段有关的规定如下。

第六条规定："评估主体负责组织相关部门或者专家开展社会稳定风险评估，也可以委托中介组织开展社会稳定风险评估，并对社会稳定风险评估报告进行审查。委托中介组织开展社会稳定风险评估的，评估主体应当按照法律、法规、规章和国家及省有关规定，通过竞争方式择优确定中介组织，依法签订社会稳定风险评估委托合同，约定评估内容、程序、经费、违约责任等。"

第十条规定："下列重大行政决策应当开展社会稳定风险评估：……（三）涉及农村集体土地征收、被征地农民补偿安置和移民安置等方面的重大政策和改革措施……；（四）大中型水利水电工程涉及编制建设征地移民安置规划大纲、编制移民安置规划及方案调整，组织开展蓄水验收，以及涉及人数多、关系移民群众切身利益的重大敏感问题等事项……"

本规定明确了地方各级人民政府及其行业部门与中介组织之间的法律关系，主要以签订社会稳定风险评估委托合同的形式来明确各方的责权利。

（4）《四川省大中型水利水电工程移民工作管理办法（试行）》。本办法是为加强和规范四川省大中型水利水电工程移民工作，在结合相关政策、法规及四川省实际情况的基础上而制定的，并于 2014 年 2 月 21 日起试行。其中，同实施阶段有关的规定如下：

第二十五条规定："大型水利水电工程开工前，项目法人应与省扶贫移民局签订移民安置协议，省扶贫移民局与市（州）人民政府签订移民安置责任书；中型水利水电工程开工前，项目法人应与市（州）人民政府或其委托的移民管理机构签订移民安置协议，并按照协议、责任书开展建设征地移民安置实施工作。"

"移民管理机构按职责委托开展移民安置实施阶段综合设计（设代）和技术咨询审查工作，并统筹安排移民单项工程设计，与项目法人共同委托开展移民安置监督评估（综合监理、独立评估）工作。规划设计、监督评估等服务机构或单位按照委托协议，做好技术把关、监督评估工作。"

本规定明确了各级地方政府之间、项目法人与移民管理机构之间、移民管理机构与设计单位之间、移民管理机构及项目法人与监督评估单位之间的法律关系，主要以委托或协议的形式来明确各方的工作内容、职责等。

第二十八条规定："县级人民政府依据移民安置规划与迁建单位、移民签订搬迁协议，按年度计划兑付资金。有序组织搬迁，恢复城（集）镇功能。县级相关行业管理部门或单位按照相关规定组织验收。"

第二十九条规定："县级人民政府按照移民安置规划与迁建工矿企事业单位签订的迁建或补偿协议，按年度计划兑付资金并指导实施……"

第三十条规定："县级人民政府或其授权的移民管理机构依据批准的移民安置规划与专项设施迁（复）建单位签订补偿补助协议，按年度计划拨付资金并组织实施。专项设施权属单位按照国家基本建设程序组织迁（复）建工程建设，工程建设完成后，应报请行业管理部门验收，验收合格的应及时移交使用。"

上述规定明确了地方政府与移民、迁建单位之间的法律关系，主要以签订搬迁或补偿协议的形式对具体内容予以明确。

第三十二条规定："移民资金应严格按照规划概算和年度计划管理使用，按工程项目实行专户管理，开设移民项目资金专户，实行专户存储、专账核算、专款专用，按实施进度逐级拨付。项目法人按年度计划和签订的资金支付承诺书，及时向签订移民安置协议的移民管理机构支付资金……"

本规定明确了项目法人与地方政府之间的法律关系，主要以签订承诺书的形式对移民资金支付等相关内容予以明确。

（5）《四川省大型水利水电工程移民单项工程代建管理办法（试行）》。本办法是为加强四川省大型水利水电工程移民单项工程代建管理工作，规范代建管理行为，在结合相关政策、法规及四川省实际情况的基础上而制定的，并于 2014 年 10 月 30 日起试行。

其中，同实施阶段有关的规定如下：

第五条规定：“具有移民单项工程管理权限的省、市（州）有关部门和县级人民政府，可委托水利水电工程项目法人、主体设计单位及其他大型国有企、事业为代建单位。”本规定明确了地方政府与项目法人、设计主体设计单位及其他大型国有企、事业之间的法律关系，主要以签订代建合同的形式来明确具体工作内容。

随着国家依法治国、依法行政的不断深入，四川省对水利水电工程建设征地移民安置工作的政策法规体系建设也在不断加强，相继出台了相关的法律法规和政策规定，无论是安置还是补偿政策都有了很大程度的完善，进一步规范了四川省水利水电移民安置补偿工作，同时也最大程度保障了移民的合法权益。总体来看，地方性政策法规的出台，不仅是对国家政策法规的进一步细化，为贯彻执行中央政策法规提供了有效保障；同时，也是对参与各方之间法律关系的进一步明确，为移民安置实施工作的顺利开展打下了坚实基础。

近年来，四川水利水电移民政策处于大发展时期，移民政策体系已较为完善。四川省颁布的相关地方法规及政策文件是对国家政策法规的进一步细化，为执行中央政策法规提供了保障，无论是安置还是补偿政策，都有了很大程度的完善，极大地规范了四川省水利水电移民安置和补偿工作，同时也最大程度的保障了移民的合法权益，也推动了整个水利水电移民行业政策的发展融合。同时，通过移民安置政策在近几年各水利水电工程项目中强有力的实施，以及借鉴一些大型水利水电工程的移民安置工作经验，四川省移民政策还将不断完善，将为四川省移民安置工作的合法合规开展提供更加坚强的政策保障。

5.2.4 协议与合同

在实施过程中，各方还通过协议与合同等形式规定了相应的法律关系。协议主要包括：①项目法人与省人民政府或者其委托的移民管理机构［市（州）人民政府或者其委托的移民管理机构］签订移民安置协议；②县（市、区）人民政府根据移民安置规划，与移民户签订搬迁安置或者生产安置协议，与被迁建或者补偿单位签订搬迁安置或者补偿协议；③县（市、区）人民政府或者省、市（州）人民政府移民管理机构依据批准的移民安置规划与企事业单位和水利、交通、电力、电信等专项设施权属单位签订补偿和迁建或者复建协议。合同主要包括：①省人民政府移民管理机构或市（州）人民政府移民管理机构委托实施阶段综合设计单位和技术咨询审查机构之间签订的合同；②签订移民安置协议的移民管理机构与项目法人委托实施阶段移民安置综合监理单位和独立评估单位签订的合同。

以2016年四川省人民政府与某市（州）级人民政府年度大型水利水电工程移民工作目标责任书为例，该责任书对市（洲）级人民政府在2016年的移民安置规划工作、移民安置实施工作、移民后期扶持工作等进行了规定，其中移民安置实施工作主要包括"组织领导州级有关部门和县级人民政府按照批准的移民安置规划、补偿投资、总体进度和年度计划做好辖区内大型水利水电工程移民安置实施工作，总体把控移民安置工作质量、进度和投资，及时研究处理有关重大问题"等进行了规定。利用责任书的形式将市（州）级人民政府的主要工作职责进行了明确。

再以某水电工程建设项目法人同四川省扶贫和移民工作局签订的移民安置协议为例。该协议中明确规定了各方主要责任。

（1）水电工程建设项目法人的主要责任如下：

1）协同地方政府维护库区、移民安置区社会稳定和移民合法权益。

2）参与移民安置实施工作。

3）每年10月底向乙方提交次年移民安置年度计划建议。

4）按审批的移民安置年度计划、水电工程建设项目法人作出的资金拨付承诺和有关资金拨付约定及时足额拨付移民资金。

5）会同四川省扶贫和移民工作局共同委托移民安置监督评估（综合监理、独立评估）。

6）会同四川省扶贫和移民工作局共同委托咨询服务和项目技术经济评估审查工作，并支付相应费用。

7）定期通报主体工程建设情况。

8）负责做好库区滑坡塌岸的处理和防护工作，参与因蓄水新增影响区范围内的移民安置工作，并落实相关处理费用。

9）参与移民安置规划调整和设计变更工作。

10）参与移民安置验收工作。

11）参与移民安置年度计划实施、综合设计（设代）、监督评估工作的年度考核。

12）配合国家和省级有关部门对移民资金使用进行检查、审计和稽察。

13）负责国有林地补偿资金的拨付管理，并按规划完成相应任务。

14）按照四川省扶贫和移民工作局要求，做好咨询服务费、技术审查费用的拨付与管理工作。

（2）四川省扶贫和移民工作局的主要责任如下：

1）督促地方政府维护库区、移民安置区社会稳定和移民合法权益。

2）管理监督移民安置实施工作。

3）组织编制并下达移民安置年度计划。

4）按移民安置年度计划和进度管理使用移民资金，对水电工程建设项目法人不按年度计划及时拨付资金的，有权进行公开通报批评。

5）会同水电工程建设项目法人共同委托移民安置监督评估（综合监理、独立评估），并支付相应费用。

6）会同水电工程建设项目法人共同委托咨询服务及项目技术经济评审工作。

7）及时掌握并定期通报移民安置实施工作情况。

8）督促地方政府和项目法人做好库区滑坡塌岸的监测、处理及防护工作。

9）组织移民安置规划调整和设计变更审批工作。

10）组织移民安置验收工作。

11）组织开展移民安置年度计划实施、综合设计（设代）、监督评估工作的年度考核。

12）加强移民资金管理，配合国家和省级有关部门对移民资金使用进行检查、审计和稽察。

可以看出，水电工程移民安置参与各方通过责任书、协议、合同等形式使各方的法律关系得到了加强，最为重要的是，各方通过责任书、协议、合同等形式进一步明确了各方在移民安置过程中应该承担的责任和义务，使得各方的法律意识不断加强，有利于移民安置法律关系的正常发展。

5.3　主要法律关系

根据上述梳理可以看出，在水利水电工程移民安置实施过程中各方之间存在法律关系。根据水利水电工程移民安置工作的实际，各方的法律关系可分为直接的法律关系和间接的法律关系。其中，直接的法律关系应根据相应的法律法规和法律关系表现形式进行；间接的法律关系应以法律为准绳，按照相关法律法规和政策的规定，开展相关工作。

5.3.1　省级移民管理机构

根据上述的梳理可以看出，省级移民管理机构与其他各方存在的主要法律关系包括省级移民管理机构与项目法人、省级移民管理机构与设监评单位、省级移民管理机构与省级行业主管部门、省级移民管理机构与市（州）人民政府之间的法律关系。

1. 省级移民管理机构与项目法人

省级移民管理机构与项目法人存在着法律关系。它的主要表现形式为：一是在相关的法律规定如《四川省大中型水利水电工程移民工作条例》等对省级移民管理机构和项目法人之间的法律关系进行了规定；二是项目法人与省级移民管理机构签订的建设征地移民安置协议。省级移民管理机构与项目法人之间的法律关系是直接的法律关系。

目前，省级移民管理机构与项目法人之间的法律关系根据相应的法律和政策规定较为全面，实施效果也相对较好。但仍需要继续完善双方法律关系的表现形式，一是应该适时的修订和完善相应的政策和管理办法；二是进一步细化项目法人与省级移民管理机构签订的建设征地和移民安置协议的相关内容和条款，协议应该重点对以下几个方面进行规定：

（1）明确安置协议的范围和对象，在建设征地移民安置协议中明确进行建设征地移民安置的范围和对象。

（2）明确移民安置过程中项目法人与省级移民管理机构双方的责任、权利与义务，应通过协议使双方更加明确和清晰的认识各自的责任、权利与义务，从而使得各方能够更好地享受权利，履行责任和义务。

项目法人的主要职责包括以下几个方面：①协同地方政府维护库区、移民安置区社会稳定和移民合法权益。②参与移民安置实施工作。③按规定时间向省级移民管理机构提交次年移民安置年度计划建议，按审批的移民安置年度计划、资金拨付承诺和有关资金拨付约定及时足额拨付移民资金。④会同省级移民管理机构共同委托移民安置监督评估（综合监理、独立评估）；会同省级移民管理机构共同委托咨询服务和项目技术经济评估审查工作，并支付相应费用；按照省级移民管理机构要求，做好咨询服务费、技术审查费用的拨付与管理工作。⑤负责做好库区滑坡塌岸的处理和防护工作，参与因蓄水新增影响区范围内的移民安置工作，并落实相关处理费用。⑥参与移民安置规划调整和设计变更工作，参与移民安置验收工作。⑦参与移民安置年度计划实施、综合设计（设代）、监督评估工作的年度考核，配合国家和省级有关部门对移民资金使用进行检查、审计和稽察。⑧负责国有林地补偿资金的拨付管理，并按规划完成相应任务。

省级移民管理机构的主要职责包括以下几个方面：①管理监督移民安置实施工作，及时掌握并定期通报移民安置实施工作情况；督促地方政府维护库区、移民安置区社会稳定和移民合法权益。②组织编制并下达移民安置年度计划并按移民安置年度计划和进度管理使用移民资金，对项目法人不按年度计划及时拨付资金的，有权进行公开通报批评。③会同项目法人共同委托移民安置监督评估（综合监理、独立评估），并支付相应费用；会同项目法人共同委托咨询服务及项目技术经济评审工作。④督促地方政府和项目业主做好库区滑坡塌岸的监测、处理及防护工作。⑤组织移民安置规划调整和设计变更审批工作，组织移民安置验收工作。⑥组织开展移民安置年度计划实施、综合设计（设代）、监督评估工作的年度考核。⑦加强移民资金管理，配合国家和省级有关部门对移民资金使用进行检查、审计和稽察。

（3）约定相关事项的处理，如移民安置的相应资金及其支付约定、重要的节点目标与进度计划及其他要求，应该通过协议使双方在工作过程中对相应的工作内容更加清晰和了解，从而保证法律关系的各项要求能够更好地实施。

（4）约定协议的变更事项及争议的处理和裁决方式。通过协议对相应的事项进行约定，这既是法律关系建立的要求，也是促进省级移民管理机构与项目法人之间法律关系顺利实施的保证。

2. 省级移民管理机构与设监评单位

省级移民管理机构与设监评单位存在着法律关系。它的主要表现形式为：一是在相关的法律规定如《四川省大中型水利水电工程移民工作条例》《四川省大中型水利水电工程移民安置监督评估管理办法》《四川省大中型水利水电工程移民安置实施阶段设计管理办法》等对省级移民管理机构和设监评单位之间的法律关系进行了规定；二是省级移民管理机构与设监评单位签订的服务合同，如省级移民管理机构与综合设计设代、综合监理签订相应的服务合同，以及与独立评估单位签订的独立评估合同。省级移民管理机构与设监评单位之间的法律关系是直接的法律关系。

目前，省级移民管理机构与设监评单位之间的法律关系相应的法律和政策规定较为全面，实施效果也相对较好。但仍需要继续完善双方法律关系的表现形式：一是适时修订和完善相应的政策和管理办法，如对监督评估管理办法和设计管理办法进行修订和完善；二是进一步细化省级移民管理机构与设监评单位之间签订的服务合同的相关内容和条款，合同应该重点对以下几个方面进行规定：

（1）明确合同的范围和对象，在相关服务合同中明确进行建设征地移民安置相关工作（综合设计设代、综合监理、独立评估等）的服务范围和对象。

（2）明确在进行中介服务过程中省级移民管理机构与设监评单位双方的责任、权利与义务，应通过合同使双方更加明确和清晰地认识各自的责任、权利与义务，从而使得各方能够更好地享受权利、履行责任和义务。

1）以省级移民管理机构与综合设计（设代）签订的合同为例，省级移民管理机构的主要责任为：①向有关市级移民管理机构下达本工程项目综合设计（设代）工作通知，明确综合设计（设代）工作单位开展本工程项目综合设计（设代）工作的组织机构设置、主要工作任务等，要求各有关方面和移民安置项目实施单位予以配合。②为移民安置综合设计（设代）工作开展做好相关协调工作，维护移民安置综合设计（设代）单位独立、公平、公正地开展工作，并向移民安置综合设计（设代）单位提供与本工程项目有关的设计文件和其他有关资料。③主动协调解决移民安置综合设计（设代）单位在综合设计（设代）工作过程中的相关问题。④对移民安置综合设计（设代）单位的综合设计（设代）人员和综合设计（设代）工作进行检查和监督。⑤对移民安置综合设计（设代）单位项目负责人（设计总工程师）及主要成员实行备案管理，按规定对综合设计（设代）工作组织实施年度考核奖惩。⑥按合同约定及时支付综合设计（设代）费用。

综合设计（设代）单位的主要职责为：①根据相关政策规定和规范，积极主动、及时高效地开展综合设计（设代）工作。②按规定向省级移民管理机构报送移民安置综合设计（设代）工作大纲、综合设计（设代）机构及主要成员名单按规定，派出设代机构及人员进驻现场，常驻现场的机构及人员必须满足开展日常的需要。③工作过程中遵循行业准则和行为规范，按照科学、客观、公正、独立的原则，及时高效开展综合设计（设代）工作，完成有关综合设计（设代）任务。工作主要包括：及时进行移民安置规划的设计交底，协助甲方做好移民政策宣传、移民干部培训及移民信访工作；在移民安置实施过程中，对移民安置项目规划调整和设计变更提出处理意见，按要求完成相应的综合设计（设代）技术成果，并对技术成果质量终身负责；做好设代日志，按综合设计（设代）工作大纲要求完成设代月报、季报和年报，保持其及时性、完整性和连续性。④综合设计（设代）单位不得泄露与本合同业务有关的技术、商务信息及资料，妥善做好各类信息、资料的收集、整理、归档及保密工作。⑤及时组织召开移民安置综合设计（设代）联络会，接受并配合省级移民管理机构做好年度考核工作。

2）以省级移民管理机构同综合监理单位的责任和义务为例，省级移民管理机构的主要责任和义务为：①审查移民安置综合监理实施细则，维护综合监理单位科学、客观、公正地开展工作。②协调有关方面支持配合移民综合监理工作，并提供相关设计文件和其他资料。③对综合监理单位的工作进行管理监督、检查指导，协调解决移民综合监理工作相关重大问题。④组织对综合监理单位综合监理工作进行年度考核奖惩，按合同约定向综合监理单位支付综合监理费用。

综合监理单位的主要责任和义务为：①根据国家和四川省相关法规政策、规程规范，遵循行业准则和行为规范，积极主动、及时高效地开展移民监理工作。②提交综合监理实施细则和报送总监理工程师、主要成员名单及相应的资质情况。组建综合监理工作机构，进场开展移民安置综合监理工作。③及时发现和处置移民安置中的进度、质量、资金、安全等有关问题，参与移民安置项目规划调整和设计变更（一般设计变更和重大设计变更）的界定和处理。

④加强与有关各方的沟通联系，及时提交移民安置综合监理月报、季报、半年报和年报，保证每月有一期固定报告；做好各类信息、资料的收集、整理和归档；保持《监理日志》的及时性、完整性和连续性，并妥善做好甲方所提供的文件资料的保存、回收及保密工作。⑤对其所承担的移民安置综合监理项目的技术成果质量终身负责。接受并配合甲方完成年度考核相关工作。

（3）约定相关事项的处理，如重要的工作内容、重要的节点目标与进度计划、成果要求及形式等。应该通过合同使双方在工作过程中对相应的工作内容更加清晰和了解，从而保证法律关系的各项要求能够更好地实施。

（4）约定合同的变更事项及争议的处理和裁决方式。通过合同对相应的事项进行约定，这既是法律关系建立的要求，也是促进省级移民管理机构与设监评单位之间法律关系顺利实施的保证。

3. 省级移民管理机构与省级行业主管部门

省级移民管理机构与省级行业主管部门存在着法律关系。目前，省级移民管理机构与省级行业主管部门之间的法律关系没有统一规范的表现形式，主要是针对某一水电站的专业项目，采用"一事一议"的方式解决，一般以会议纪要或工作协议来确定项目实施。因此，可以看出，省级移民管理机构与省级行业主管部门之间的法律关系是直接的法律关系，但是目前他们之间的法律关系尚无明确的表现形式，需要进一步明确和建立。

根据移民安置的实际情况，省级移民管理机构与省级行业主管部门之间的应该建立明确的法律关系，主要包括：一是制定水电工程专业项目复改建的管理办法，在办法中明确建立专业项目复改建联合审查机制，明确参与各方的职责、复改建实施的管理和工作流程，使得专业项目复改建工作做到有法可依、各方职责清晰、分工明确；二是应根据管理权限，由省级移民管理机构与相应的省级行业主管部门签订《×××项目复改建协议》，并由该行业主管部门负责组织实施。通过专业项目复改建协议，可以使省级移民管理机构与省级行业主管部门之间的法律关系更为清晰，复建协议的主要内容如下：

（1）明确协议的范围和对象。在协议中应明确进行专业项目复改建实施的范围和对象。

（2）落实实施主体，明确实施主体在实施过程中的责任、权利和义务。应通过协议更加明确专业项目复改建的实施主体，使各方更加清晰地认识各自的责任、权利与义务，从而使得各方能够更好地享受权利、履行责任和义务。

（3）约定相关事项的处理，如项目建设的时间节点、进度计划、资金使用、项目验收和移交等，使双方在工作过程中对相应的工作内容更加清晰和了解，从而保证法律关系的各项要求能够更好地实施。

（4）约定协议的变更事项及争议的处理和裁决方式，通过协议对相应的事项进行约定，这既是法律关系建立的要求，也是促进省级移民管理机构与省级行业主管部门之间法律关系顺利实施的保证。

4. 省级移民管理机构与市（州）人民政府

省级移民管理机构与市（州）人民政府存在着法律关系。它的主要表现形式为：一是通过相关的法律规定如《四川省大中型水利水电工程移民工作条例》等对省级移民管理机构和市（州）人民政府之间的法律关系进行了规定；二是由省级移民管理机构与市（州）人民政府之间签订《×××水电站移民安置协议》的方式来进一步明确。省级移民管理机构与市（州）人民政府之间的法律关系是直接的法律关系。

目前，省级移民管理机构与市（州）人民政府之间的法律关系根据相应的法律和政策规定较为全面，实施效果也相对较好。但仍需要继续完善双方法律关系的表现形式：一是适时修订和完善相应的政策和管理办法，如对相关办法中省级移民管理机构与市（州）人民政府的职责更加明确；二是进一步细化省级移民管理机构与市（州）人民政府之间签订移民安置协议的相关内容和条款，协议应该重点对以下几个方面进一步进行明确：

（1）明确协议的范围和对象。在协议中应明确进行移民安置工作的范围和对象。

（2）明确双方的责任、权利和义务。移民安置工作协议应使各方更加清晰地认识各自的责任、权利与义务，从而使得各方能够更好地享受权利、履行责任和义务。

（3）约定相关事项的处理。如项目建设的时间节点、进度计划、资金拨付、项目移交等，应该通过协议使双方在工作过程中对相应的工作内容更加清晰和了解，从而保证法律关系的各项要求能够更好地实施。

（4）约定协议的变更事项及争议的处理和裁决方式。通过协议对相应的事项进行约定，这既是法律关系建立的要求，也是促进省级移民管理机构与市（州）人民政府之间法律关系顺利实施的保证。

5. 省级移民管理机构与移民对象

省级移民管理机构与移民对象之间存在着法律关系。根据实际情况。移民对象主要是同县级人民政府和县级移民管理机构之间发生法律关系，因此，省级移民管理机构与移民对象之间的法律关系是间接的法律关系。

5.3.2　项目法人

根据梳理可以看出，项目法人与其他各方存在的主要法律关系主要为项目法人与市（州）人民政府、项目法人与县级人民政府、项目法人与综合设计（设代）单位、项目法人与综合监理及独立评估单位之间的法律关系。

1. 项目法人与市（州）人民政府

项目法人与市（州）人民政府存在着法律关系。项目法人与市（州）人民政府存在的直接法律关系是由市（州）人民政府委托项目法人进行移民工程的代建工作。它的主要表现形式为：一是在相关的法律规定如《四川省大型水利水电工程移民单项工程代建管理办法（试行）》等对项目法人与市（州）人民政府之间的法律关系进行了规定；二是市（州）人民政府委托项目法人开展相关项目代建签订的协议，如《×××水电站专业项目委托代建协议》。项目法人与市（州）人民政府之间的法律关系是直接的法律关系。

目前，项目法人与市（州）人民政府之间的法律关系根据相应的法律和政策规定基本较为全面，实施效果也相对较好。同时，双方还需要继续完善之间的表现形式：一是应该适时地修订和完善移民工程代建的政策和管理办法；二是需要对项目法人与市（州）人民政府之间签订的代建协议相关内容进行补充和完善，协议应该重点对以下几个方面进行规定：

（1）明确代建的工作范围和建设标准。在代建协议中明确进行代建的工作范围和标准。

（2）明确在进行移民工程代建过程中项目法人与市（州）人民政府双方的责任、权利与义务。应通过协议使双方更加明确和清晰地认识各自的责任、权利与义务，从而使得各方能够更好地享受权利、履行责任和义务。

其中，市（州）人民政府的主要职责为：①贯彻执行征地移民有关法律、法规和政策，为代建项目提供必要的政策环境和政务环境；②负责及时办理代建工程建设中所涉及的项目立项报批、建设用地、林地许可、招标、民爆物品许可等手续或批复文件，并负责代建工程建设范围内所涉及的征地补偿、移民搬迁安置工作，按照工程建设计划的需求，及时提供工程建设用地；③负责相应移民安置的任务和规模确定，协调处理代建过程中的相关问题；④根据项目法人上报建设资金需求计划，及时拨付由市（州）人民政府掌握的代建项目工程建设资金；⑤组建专门机构并配置专职人员，负责施工期间土地纠纷调解、群众阻工处置、建设场地维稳治安及道路交通管制等，协调处理影响工程建设进度的相关问题，保证正常施工秩序；⑥接受国家、省、市（州）有关部门对资金使用情况的检查、审计和稽察。

项目法人的主要责任为：①贯彻执行国家移民相关政策及工程建设规程规范，负责代建项目的全过程建设管理，包括安全、质量、进度、水保环保、投资控制等。②负责组织施工过程中阶段性验收，配合由市（州）人民政府组织的交（完）工、竣工验收。③接受国家、省、市（州）有关部门对代建项目资金使用情况的检查、审计和稽察。④负责向市（州）人民政府提供工程进度及资金使用情况报告，配合市（州）人民政府编制年度工作报告和资金计划，根据工程进度安排，及时提交建设用地需求计划。⑤配合市（州）人民政府提供项目立项报批、建设用地、林地许可、招标、民爆物品许可等基础资料。⑥配合甲方开展工程质量、安全、环保水保等政府监督工作。

（3）约定相关事项的处理，如建设工期、重要的时间节点、费用支付、代建项目单位的选择、建设管理以及代建项目协调机制等，应该通过协议使双方在工作过程中对相应的工作内容更加清晰和了解，从而保证法律关系的各项要求能够更好地实施。

（4）约定协议的变更事项及争议的处理和裁决方式。通过协议对代建过程中相应的事项进行约定，这既是法律关系建立的要求，也是促进项目法人与市（州）人民政府之间法律关系顺利实施的保证。

2. 项目法人与县级人民政府

项目法人与县级人民政府存在着法律关系。项目法人与县级人民政府存在的直接法律关系是由县级人民政府委托项目法人进行移民工程的代建工作。它的主要表现形式为：一是在相关的法律规定如《四川省大型水利水电工程移民单项工程代建管理办法（试行）》等对项目法人与县级人民政府之间的法律关系进行了规定；二是县级人民政府委托项目法人开展相关项目代建签订的协议，如《×××水电站专业项目委托代建协议》。项目法人与县级人民政府之间的法律关系是直接的法律关系。

目前，项目法人与县级人民政府之间的法律关系根据相应的法律和政策规定较为全面，实施效果也相对较好。同时，双方还需要继续完善他们之间的表现形式：一是应该适时的修订和完善移民工程代建的政策和管理办法；二是需要对项目法人与县级人民政府之间签订的代建协议相关内容进行补充和完善，协议应该重点对以下几个方面进行规定：

（1）明确代建的工作范围和建设标准，在代建协议中明确进行代建的工作范围和标准。

（2）明确在进行移民工程代建过程中项目法人与县级人民政府双方的责任、权利与义务，应通过协议使双方更加明确和清晰地认识各自的责任、权利与义务，从而使得各方能够更好地享受权利、履行责任和义务。

项目法人和县级人民政府在移民工程代建过程中的责任与义务与项目法人和市（州）及人民政府同，不再赘述。

（3）约定相关事项的处理，如建设工期、重要的时间节点、费用支付、代建项目单位的选择、建设管理以及代建项目协调机制等。应该通过协议使双方在工作过程中对相应的工作内容更加清晰和了解，从而保证法律关系的各项要求能够更好地实施。

（4）约定协议的变更事项及争议的处理和裁决方式。通过合同对代建过程中相应的事项进行约定，这既是法律关系建立的要求，也是促进项目法人与县级人民政府之间法律关系顺利实施的保证。

3. 项目法人与综合设计（设代）单位

项目法人与综合设计（设代）单位在实施阶段存在的法律关系，主要为项目法人委托综合设计（设代）单位开展相关代建工程的设计施工总承包合同。它的主要表现形式为：一是在相关的法律规定如《四川省大型水利水电工程移民单项工程代建管理办法（试行）》以及我国相关工程建设的法律规定等对项目法人与综合设计（设代）单位之间的法律关系进行了规定；二是项目法人与综合设计（设代）单位签订的协议，如《×××水电站专业项目代建工程设计施工总承包合同》。项目法人与县级人民政府之间的法律关系是直接的法律关系。

目前，项目法人与综合设计（设代）单位之间的法律关系相应的法律和政策规定较为全面，实施效果也相对较好。同时，双方还需要继续完善他们之间的表现形式，主要是对项目法人与综合设计（设代）单位之间签订的总承包合同相关内容进行补充和完善，合同应该重点对以下几个方面进行规定：

（1）明确代建工程总承包的工作范围和建设标准。在代建工程总承包合同中明确进行代建的工作范围和标准。

（2）明确在进行移民工程代建过程中项目法人与综合设计（设代）单位双方的责任、权利与义务。应通过合同使双方更加明确和清晰地认识各自的责任、权利与义务，从而使得各方能够更好地享受权利、履行责任和义务。

项目法人同综合设计（设代）单位在移民工程总承包过程中的责任与义务是根据国家对于工程招投标、工程建设、工程施工等相关的法律法规确定的，不再赘述。

（3）约定相关事项的处理，如总承包建设管理、协调机制、重要的时间节点、费用支付、费用支付、总承包项目单位的选择、建设管理以及总承包项目协调机制等。应该通过合同使双方在工作过程中对相应的工作内容更加清晰和了解，从而保证法律关系的各项要求能够更好地实施。

（4）约定合同的变更事项及争议的处理和裁决方式。通过合同对工程建设过程中相应的事项进行约定，既是法律关系建立的要求，也是促进项目法人与综合设计（设代）单位之间法律关系顺利实施的保证。

4. 项目法人与综合监理及独立评估单位

项目法人与综合监理及独立评估单位存在着法律关系。它的主要表现形式为：一是在相关的法律规定如《四川省大中型水利水电工程移民工作条例》、《四川省大中型水利水电工程移民安置监督评估管理办法》等对省级移民管理机构和综合监理及独立评估单位之间的法律关系进行了规定；二是项目法人与综合监理及独立评估单位签订的服务合同（省级移民管理机构与项目法人为双甲方），如项目法人与综合监理签订的综合监理服务合同，与独立评估单位签订的独立评估合同。项目法人与综合监理及独立评估单位之间的法律关系是直接的法律关系。

目前，项目法人与综合监理及独立评估单位之间的法律关系相应的法律和政策规定较为全面，实施效果也相对较好。同时，双方还需要继续完善他们之间的表现形式：一是应该适时的修订和完善相应的政策和管理办法，如对监督评估管理办法进行修订和完善；二是需要对项目法人与综合监理及独立评估单位之间签订的服务合同的相关内容进行补充和完善，合同应该重点对以下几个方面进行规定：

（1）明确合同的范围和对象。在相关服务合同中明确进行建设征地移民安置相关工作（综合监理、独立评估等）的服务范围和对象。

（2）明确在进行中介服务过程中项目法人与综合监理及独立评估单位双方的责任、权利与义务。应通过合同使双方更加明确和清晰的认识各自的责任、权利与义务，从而使得各方能够更好地享受权利、履行责任和义务。

项目法人和设监评单位的责任和义务与省级移民管理机构和设监评单位之间的责任和义务相同，不再赘述。

（3）约定相关事项的处理，如重要的工作内容、重要的节点目标与进度计划、成果要求及形式等。应该通过合同使双方在工作过程中对相应的工作内容更加清晰和了解，从而保证法律关系的各项要求能够更好地实施。

（4）约定合同的变更事项及争议的处理和裁决方式。通过合同对相应的事项进行约定，既是法律关系建立的要求，也是促进省级移民管理机构与综合监理及独立评估单位之间法律关系顺利实施的保证。

5. 项目法人与移民

项目法人与移民之间存在着法律关系，项目法人需根据相关法律规定及审查确定的规划报告参与项目的移民安置工作，并按时足额的提供补偿投资费用，项目法人与移民之间的法律关系是间接的法律关系。

5.3.3 市（州）、县人民政府及移民管理机构

根据梳理可以看出，市（州）、县人民政府与其他各方存在的主要法律关系主要为市（州）人民政府与综合设计（设代）单位、县级人民政府与综合设计（设代）单位、县级人民政府与移民及相关权属人之间的法律关系。

1. 市（州）人民政府与综合设计（设代）单位

市（州）人民政府与综合设计（设代）单位存在着法律关系。市（州）人民政府与综合设计（设代）单位存在的直接法律关系是由市（州）人民政府委托综合设计（设代）单位进行移民工程的代建工作。它的主要表现形式为：一是在相关的法律规定如《四川省大型水利水电工程移民单项工程代建管理办法（试行）》等对市（州）人民政府与综合设计（设代）单位之间的法律关系进行了规定；二是市（州）人民政府委托综合设计（设代）单位开展相关项目代建签订的协议，如《×××水电站专业项目委托代建协议》。市（州）人民政府与综合设计（设代）单位之间的法律关系是直接的法律关系。

目前，市（州）人民政府与综合设计（设代）单位之间的法律关系相应的法律和政策规定较为全面，实施效果也相对较好。同时，双方还需要继续完善他们之间的表现形式：一是应该适时的修订和完善移民工程代建的政策和管理办法；二是需要对市（州）人民政府与综合设计（设代）单位之间签订的代建协议相关内容进行补充和完善，协议应该重点对以下几个方面进行规定：

（1）明确代建的工作范围和建设标准。在代建协议中明确进行代建的工作范围和标准。

（2）明确在进行移民工程代建过程中市（州）人民政府与综合设计（设代）单位双方的责任、权利与义务。应通过协议使双方更加明确和清晰的认识各自的责任、权利与义务，从而使得各方能够更好地享受权利、履行责任和义务。

市（州）人民政府和综合设计（设代）单位在代建过程中的责任和义务与市（州）人民政府和项目法人在代建过程中之间的责任和义务相同，不再赘述。

（3）约定相关事项的处理，如建设工期、重要的时间节点、费用支付、代建项目单位的选择、建设管理以及代建项目协调机制等。应该通过协议使双方在工作过程中对相应的工作内容更加清晰和了解，从而保证法律关系的各项要求能够更好地实施。

（4）约定协议的变更事项及争议的处理和裁决方式。通过协议对代建过程中相应的事项进行约定，既是法律关系建立的要求，也是市（州）人民政府与综合设计（设代）单位之间法律关系顺利实施的保证。

2. 县级人民政府与综合设计（设代）单位

县级人民政府与综合设计（设代）单位存在着法律关系。县级人民政府与综合设计（设代）单位存在的直接法律关系是由县级人民政府委托综合设计（设代）单位进行移民工程的代建工作。它的主要表现形式为：一是在相关的法律规定如《四川省大型水利水电工程移民单项工程代建管理办法（试行）》等对县级人民政府与综合设计（设代）单位之间的法律关系进行了规定；二是县级人民政府委托综合设计（设代）单位开展相关项目代建签订的协议，如《×××水电站专业项目委托代建协议》。县级人民政府与综合设计（设代）单位之间的法律关系是直接的法律关系。

目前，县级人民政府与综合设计（设代）单位之间的法律关系根据相应的法律和政策规定基本较为全面，实施效果也相对较好。同时，双方还需要继续完善他们之间的表现形式：一是应该适时地修订和完善移民工程代建的政策和管理办法；二是需要对县级人民政府与综合设计（设代）单位之间签订的代建协议相关内容进行补充和完善，协议应该重点对以下几个方面进行规定：

（1）明确代建的工作范围和建设标准。在代建协议中明确进行代建的工作范围和标准。

（2）明确在进行移民工程代建过程中县级人民政府与综合设计（设代）单位双方的责任、权利与义务，应通过协议使双方更加明确和清晰地认识各自的责任、权利与义务，从而使得各方能够更好地享受权利，履行责任和义务。

县级人民政府和综合设计（设代）单位在代建过程中的责任和义务与市（州）人民政府和项目法人在代建过程中之间的责任和义务相同，不再赘述。

（3）约定相关事项的处理，如建设工期、重要的时间节点、费用支付、代建项目单位的选择、建设管理以及代建项目协调机制等。应该通过协议使双方在工作过程中对相应的工作内容更加清晰和了解，从而保证法律关系的各项要求能够更好地实施。

（4）约定协议的变更事项及争议的处理和裁决方式，通过协议对代建过程中相应的事项进行约定，这既是法律关系建立的要求，也是县级人民政府与综合设计（设代）单位之间法律关系顺利实施的保证。

3. 县级人民政府、移民管理机构与移民及相关权属人

县级人民政府与移民及相关权属人存在着法律关系。县级人民政府与移民及相关权属人之间的法律关系主要表现在为：一是在相关的法律规定如根据国务院 471 号令、《四川省大中型水利水电工程移民工作条例》等对县级人民政府与移民及相关权属人之间的法律关系进行了规定；二是县级人民政府同移民及相关权属人签订相关的安置协议，如《×××水电站移民生产安置协议》《×××水电站移民搬迁安置协议》《×××水电站移××项目补偿补助协议》等。县级人民政府与移民及相关权属人之间的法律关系是直接的法律关系。

目前，县级人民政府与移民及相关权属人之间的法律关系根据相应的法律和政策规定较为全面，实施效果也相对较好。同时，双方还需要继续完善他们之间的表现形式：一是应该适时地修订和完善相应的法律和政策规定；二是需要对县级人民政府与移民及相关权属人之间签订的安置协议相关内容进行补充和完善，协议应该重

点对以下几个方面进行规定：

（1）明确移民及相关权属人与县级人民政府在生产安置、搬迁安置及项目处理中的责任与义务，应通过协议使双方更加明确和清晰的认识各自的责任、权利与义务，从而使得各方能够更好地享受权利、履行责任和义务。

（2）约定相关事项的处理。一是要在协议中应明确移民生产安置和搬迁安的安置方式及条件、要求，明确相关项目进行补偿补助的条件和要求；二是要在协议中明确移民安置进度和资金兑付条件、进度等，应该通过协议使双方在工作过程中对相应的工作内容更加清晰和了解，从而保证法律关系的各项要求能够更好地实施。

（3）约定协议的变更事项及争议的处理和裁决方式。通过协议对移民安置过程中相应的事项进行约定，既是法律关系建立的要求，也是县级人民政府与移民及相关权属人之间法律关系顺利实施的保证。

（4）县级人民政府、移民管理机构与县级行业主管部门

县级移民管理机构与县级行业主管部门存在着法律关系。目前，县级移民管理机构与县级行业主管部门之间的法律关系没有统一规范的表现形式，主要是针对某一水电站的专业项目，采用"一事一议"的方式解决，一般以会议纪要或工作协议来确定项目实施。因此可以看出，县级移民管理机构与县级行业主管部门之间的法律关系是直接的法律关系，但是目前他们之间的法律关系尚无明确的表现形式，需要建立。

根据移民安置的实际情况，县级移民管理机构与县级行业主管部门之间的法律关系应该建立明确的法律关系，主要包括：一是制定水电工程专业项目复改建的管理办法，在办法中明确建立专业项目复改建联合审查机制，明确参与各方的职责、复改建实施的管理和工作流程，使专业项目复改建工作做到有法可依、各方职责清晰、分工明确；二是应根据管理权限，由县级移民管理机构与相应的县级行业主管部门签订《×××项目复改建协议》，并由该行业

主管部门负责组织实施。通过专业项目复改建协议，可以使县级移民管理机构与县级行业主管部门之间的法律关系更为清晰，复建协议的主要内容应包括以下几点：

（1）明确建立专业项目复改建联合审查机制。明确专业项目的相关审查、审批流程和工作程序。

（2）明确协议的范围和对象。在协议中应明确进行专业项目复改建实施的范围和对象。

（3）落实实施主体，明确实施主体在实施过程中的责任、权利和义务。应通过协议更加明确专业项目复改建的实施主体，使各方更加清晰地认识各自的责任、权利与义务，从而能够更好地享受权利，履行责任和义务。

（4）约定相关事项的处理，如项目建设的时间节点、进度计划、资金使用、项目移交等。应该通过协议使双方在工作过程中对相应的工作内容更加清晰和了解，从而保证法律实系的各项要求能够更好地实施。

（5）约定协议的变更事项及争议的处理和裁决方式。通过协议对相应的事项进行约定，这既是法律关系建立的要求，也是促进县级移民管理机构与县级行业主管部门之间法律关系顺利实施的保证。

5.3.4 小结

根据以上各方的法律关系梳理和分析，水利水电工程建设征地移民安置的主要法律关系可以分为直接的法律关系和间接的法律关系。其中，直接的法律关系涉及各方主体之间，会通过合同、协议等相应的表现形式，使得法律关系能够更加具体、明确，各方在实施过程中的职责和义务也更加清晰；间接的法律关系主要是通过国家和各省的相关法律规定，各方之间不会直接签订相应的合同和协议，主要以法律法规为准绳，根据相应的规定办理相应手续、开展相应工作。

水利水电工程移民安置主要法律关系清单见表5.2。

表5.2 水利水电工程移民安置法律关系清单

序号	主体1	主体2	是否存在法律关系	已有表现形式	是否建立(完善)法律关系	建议表现形式
一	省级移民管理机构	项目法人	是	(1)法律规定:《四川省大中型水利水电工程移民工作条例》等。(2)项目法人与省级移民管理机构签订移民安置协议	完善	(1)继续执行相关规定,并按规定适时修订和完善管理办法。(2)省级移民管理机构同项目法人签订《×××水电站建设征地和移民安置协议》
		设监评单位	是	(1)法律规定:《四川省大中型水利水电工程移民工作条例》等,实施阶段移民安置设计管理办法、考核办法等。(2)设监评单位同省级移民管理机构签订的相关工作合同	完善	(1)继续执行相关管理办法,修订和完善管理办法。(2)《×××水电站移民安置综合设计(设代)合同书》《×××合同书》《×××水电站移民安置监理合同书》《×××安置综合监理独立评估合同》
		省级行业主管部门	是	无规范统一的形式,主要采用"一事一议"的方式,一般以会议纪要或工作协议商定项目实施	建立	(1)制定和完善相关专业项目复建管理办法。(2)根据管理权限,与相应的省行业主管部门签订《×××项目复建协议》,由相关行业部门负责组织实施
		市(州)人民政府	是	(1)法律规定:《四川省大中型水利水电工程移民工作条例》等法律和政策。(2)省级移民管理机构同市(州)人民政府签订的工作协议	建立	(1)继续执行相关政策和规定。(2)省级移民管理机构同市(州)人民政府签订《×××水电站移民安置工作协议》

续表

序号	主体1	主体2	是否存在法律关系	已有表现形式	是否建立（完善）法律关系	建议表现形式
二	项目法人	市（州）人民政府	是（移民项目代建）	(1)《四川省大型水利水电工程移民单项工程代建管理办法（试行）》等法律规定。(2)市（州）人民政府委托项目法人开展相关项目代建鉴订的协议	完善	(1)继续执行相关政策和规定，并适时对代建管理办法进行完善。(2)《×××市（州）人民政府同项目法人签订《×××水电站专业项目委托代建协议》
		县级人民政府	是（移民项目代建）	(1)《四川省大型水利水电工程移民单项工程代建管理办法（试行）》等法律规定。(2)县级人民政府委托项目法人代建鉴订的协议	完善	(1)继续执行相关政策和规定，并适时对代建管理办法进行完善。(2)《×××县级政府同项目法人签订《×××水电站专业项目委托代建协议》
		综合设计（设代）	是（移民项目总承包）	(1)《四川省大型水利水电工程代建管理办法（试行）》等法律规定。(2)项目法人委托综合设计（设代）单位开展相关代建工程的设计施工总包合同	完善	(1)继续执行相关政策和规定，并适时对代建管理办法进行完善。(2)项目法人同综合设计（设代）单位签订《×××水电站专业项目代建工程设计施工总承包合同》
		综合监理、独立评估单位	是	(1)实施阶段移民安置综合监理、独立评估管理及考核办法。(2)项目法人与综合监理、独立评估单位签订的综合监理、独立评估合同	完善	《×××水电站移民安置综合监理合同书》《×××水电站移民安置综合评估合同书》

续表

序号	主体1	主体2	是否存在法律关系	已有表现形式	是否建立（完善）法律关系	建议表现形式
三	市（州）人民政府	综合设计（设代）	是（移民项目代建）	(1)《四川省大型水利水电工程移民单项工程代建管理办法（试行）》等法律规定。(2)市（州）人民政府委托开展综合设计（设代）单位代建项目代建的协议	完善	(1)继续执行相关政策和规定，并适时对代建管理办法进行完善。(2)市（州）人民政府同综合设计（设代）单位签订《×××水电站专业项目委托代建协议》
		综合设计（设代）	是（移民项目代建）	(1)《四川省大型水利水电工程移民单项工程代建管理办法（试行）》等法律规定。(2)县级人民政府委托开展综合设计（设代）单位代建项目代建的协议	完善	(1)继续执行相关政策和规定，并适时对代建管理办法进行完善。(2)县级人民政府签订《×××水电站专业项目委托代建协议》
	县级人民政府	移民及相关权属人	是	(1)《四川省大中型水利水电工程移民工作条例》等相关法律法规。(2)县级人民政府的《×××水电站移民生产安置协议》《×××水电站移民搬迁安置协议》《×××水电站××项目补偿补助协议》	完善	《×××水电站移民生产安置协议》《×××水电站移民搬迁安置协议》《×××水电站××项目补偿补助协议》
	县级移民管理机构	移民及相关权属人	是	(1)《四川省大中型水利水电工程移民工作条例》等相关法律法规。(2)《×××水电站移民生产安置协议》《×××水电站移民搬迁安置协议》《×××水电站××项目补偿补助协议》	完善	《×××水电站移民生产安置协议》《×××水电站移民搬迁安置协议》《×××水电站××项目补偿补助协议》
	县级移民管理机构	县级行业主管部门	是	无规范统一的形式，主要采用"一事一议"的方式，一般以会议纪要或协议商定项目实施	建立	(1)制定和完善相关专业项目复建管理办法。(2)根据监管权限，与相应的县级行业主管部门签订《×××项目复建协议》，由相关行业部门负责组织实施

根据上述分析，法律关系可以得出以下主要的认识：

（1）水利水电工程移民安置法律关系可分为直接的法律关系和间接的法律关系。

根据水利水电工程移民安置工作的实际，各方的法律关系可分为直接的法律关系和间接的法律关系。其中，直接的法律关系应根据相应的法律法规和法律关系表现形式进行，这些表现形式主要分为合同、协议等。通过合同和协议，可以将各方的职责、义务、权利明确，并通过法律的形式将各方的移民安置实施要求进行明确，从而保证这些法律关系得到切实的维护，顺利推进移民安置工作。

对于间接的法律关系，各方应以法律为准绳，按照相关法律法规和政策规定，在各自职责和权限范围内开展实施阶段移民安置工作，如各方在移民安置实施工程中应按照相关法律的规定按时办理相关手续（用地手续、工程建设手续等），各方应按照相关法律法规的要求开展工程建设以及验收、移交等工作。

（2）部分法律关系需要进一步完善，部分法律关系需要建立并规范统一其表现形式。

从目前各方法律关系实施的效果来看，省级移民管理机构与项目法人、市（州）人民政府、中介服务单位，项目法人与省级移民管理机构、中介服务单位，市（州）人民政府与项目法人，县级人民政府与移民，以及县级移民管理机构等之间的法律关系已经建立，但从实施情况来看，还需要在法律关系的表现形式及相关内容等方面进行完善。

同时，省级移民管理机构与省级行业主管部门，县级人民政府与县级相关行业主管部门，以及县级移民管理机构与县级相关行业主管部门之间存在法律关系，但从目前的实施情况来看这些法律关系在各方之间尚未明确建立，没有统一和规范的法律关系表现形式（如合同、协议等），或虽有相应的表现形式，但仅存在于个别项目的实施过程中，没有形成统一、规范的要求。因此，需要对这些法律关系提出明确的表现形式，并将其规范统一。

5.4　法律关系执行面临的挑战

虽然近年来四川省在水利水电工程移民安置政策法规以及工作改革上进行了大量的工作，取得了大量的成效，但是由于移民安置工作涉及社会的各个方面，情况复杂、周期较长，各方在法律关系上还需要进一步补充和完善。

5.4.1　法律关系意识有待进一步提高

（1）各方对法律关系认识还需进一步深入。移民安置涉及各个方面，主要包括省级人民政府、市（州）县级人民政府、省级及其他各级移民管理机构、工程建设项目法人、移民对象、中介服务单位、移民工程实施单位等。各方在移民安置实施工作上都有相互交叉和协作，从目前的工作情况来看，各方还尚未全面地从法律关系的角度去考虑和认识之间的关系，从而没有深入地了解各方在工作过程中的权利和义务，如在移民安置过程中出现未按照移民安置协议要求的进度完成搬迁，从法律意义上讲，这些情况属于未按合同条款规定履责的情形，应制定相应的奖惩督促等配套措施。

（2）法律关系监督管理有待提升，法律的约束力需进一步加强。移民涉及项目多，资金量大，单一的行政监督或社会监督均难以实现监督管理目标。目前移民安置监督已基本形成了内部和外部监督模式，在实践中内部行政监督已经建立了较完善的管理制度，但从目前的情况来看外部社会监督授权不充分，监管执行实施效果不佳。同时，因大中型水利水电工程涉及的单项工程较多，资金量较为庞大，导致水利水电建设中常常发生违规违纪现象，审计、监督评估力度还有待加强，群众监督参与度还需加大。

移民综合监理制度的产生，在一定程度上对移民安置实施工作起到了监督管理作用，确保了水电工程建设征地移民安置工作的顺利进行，但作为工程建设主体的项目法人和负责移民安置的地方政府以及移民，在新的经济关系条件下相互的职责、权利与利益不够明确，地方政府往往具有国家法规执行者与移民项目承包者的交替角色，使移民综合监理缺乏足够的约束机制，未达到建立移民综合监理制度的预期效果。

（3）移民个人、地方政府和项目法人三者之间的权利和义务认识不明确，三者之间的利益博弈时有发生。

随着社会经济发展、物价水平上涨、政策调整，移民个人诉求越来越多，地方政府对水利水电建设与地方社会经济发展结合的要求越来越高，特别在专业项目的建设标准和规模方面表现较为突出。但项目业主如果过多地承担地方社会经济发展的责任，企业的发展必然面临更大的经营财务压力，将在一定程度上背离其开发水资源的初衷，打击企业开发水资源的积极性。目前，三方的利益没有得到有效的协调平衡，缺乏协调决策的政策性的平衡机制，导致利益博弈越演越烈，严重制约移民安置工作的顺利推进，阻碍水利水电开发进程。

这种现象突出反映了各方在进行水利水电工程移民安置过程中过于站位自身利益立场，对于自身的权利和义务，特别是应该承担的义务没有充分的认识，对于不符合条件、不符合相关法律规定的要求和诉求，缺乏配套的政策规定加以刚性约束，从而造成各方法律关系遭到破坏，不能维持良好的水电开发环境。

（4）规划与实施差距大，变更较多，审批成果的法律性和权威性受到影响。

移民工作周期长，审定的规划相较于搬迁时存在标准变化，实物量变化、物价水平变化、移民意愿改变、地方政府领导换人换思路、随意变更移民规划，以及擅自调整范围、提高标准、扩大规模等诸多突出问题，导致移民安置规划实施中规划设计变更频繁，移民安置投资难以控制，影响移民搬迁进度和质量。

移民规划编制过程中，在征求移民意愿时由于移民追求自身利益诉求的最大化，观望、抱团等现象时有发生，加之缺乏相应的阻断措施方案，使得移民安置规划难以全面反映移民的真实意愿，同时由于从规划设计到实施落地的过程较长，实施过程中移民意愿变化大，导致实施阶段存在需要重新界定征地范围、重新认定移民身份以及调整规划方案等问题，造成移民安置规划工作的变更反复、规划执行性差等问题，难以体现规划设计成果的权威性、法律性和执行刚性。

（5）移民成为"特殊公民"，不利于发展和稳定。移民安置要达到的目的是使移民逐步地融入安置地社会，积极地参与到当地各项经济和社会发展活动中去，最终从生产生活活动中和心理上摆脱"移民"这个身份符号。但是，从目前的情况来看，移民从原有的生产生活环境迁入陌生的新环境中，对一切事物和外部承诺往往持有怀疑态度，特别是当遇到安置区经济的发展对移民技术素质与文化素质提出较高的要求时，移民易产生由于背井离乡而造成的消极情绪，需要系统的工作来帮助移民适应环境。目前，近期项目的移民通过安置地政府专门部门的跟踪服务和管理，以及后期扶持政策辅助的经济手段，一般能在后期扶持期限内从生产生活方面适应环境。但是，在心理上"脱帽"则又是另一回事，由于有政府专门部门和后期扶持政策的存在，移民相对于安置地原居民在社会关注方面具有优势，加上额外的经济补助，形成了一种既得利益，慢慢地发展成心理上要求的长期利益，使得其不愿失去"移民"身份，甚至为追求"移民"利益的最大化、长期化，有些库区还出现了一些"职业移民"辗转几个库区充当移民，这无形中增大了移民搬迁安置工作的难度。

从本质上讲，移民成为"特殊公民"在各方的法律关系中是不应出现的。一方面，移民同地方人民政府的法律关系主要为合同关系和服务关系，即移民应该按安置协议的要求进行合理安置和补偿，这是移民享受的权利，在这个过程中移民自身也适应新环境开展生产，使生活逐渐步入正轨，这是移民的义务；同时，地方各级政府和移民管理部门在此过程中，也需要引导移民自身发展，通过相关的措施使移民逐步地融入安置地社会，积极地参与到当地各项经济和社会发展活动中去，从而避免移民变为"特殊公民"。

110

5.4.2　法律关系落实需进一步重视

（1）少数法律关系表现形式不统一，需进一步规范。从上述分析来看，水利水电工程移民安置各方在实施过程存在着相应的法律关系，绝大部分的法律关系都有明确的、统一的、规范的表现形式，但是极少数的法律关系还存在着表现形式不规范、不统一的问题。如地方政府同相关行业部门（如交通、通信、电力等）在相关专业项目复建过程中，没用签订相关协议或者合同，仅仅通过相应的会议纪要或者通知明确复建项目的责任方，对复建的实施、进度、质量及资金等控制没有做详细的规定，从而导致法律关系实施的效果不能达到预期。

（2）法律关系落实和执行需要进一步加强。2006 年国务院 471 号令明确了移民安置工作实行政府领导、分级负责、县为基础、项目法人参与的管理体制，但国家和省级层面没有移民工作程序法，管理制度不健全，缺乏有效的工作和监督机制，工作程序不系统、不规范、未固化，移民安置实施中重大问题、特殊问题处理无相应的制度，基本凭经验，方式多样化，差异大，大量工作靠协调，处理结果缺乏政策支撑，且项目差异大，易造成不平衡的局面，产生诸多矛盾。

与此同时，国家有关部门实际工作中存在上收权力，下压责任，管理监督受限，移民工作相关方职责不明、责任不清，依法监管难度大，实施主体强势和不作为或乱作为等现象，如地方政府为了推进移民安置，或是为了满足部分移民、企业等特殊要求，实施工作中往往展示出强势地位和工作作风；随意变更移民规划，擅自调整范围、提高标准、扩大规模；实施过程不履行变更程序，未经批准出政策，不走程序改规划，出了问题倒逼省上兜底。移民管理制度不完善、执行不力、职责落实不到位等问题已严重制约移民安置工作有效推进。这些情况均反映了各方在移民安置工作过程中没有正确地认识自身应承担的义务，使得工作开展存在一定的困难。

特别是目前各方对协议、责任书的签订程序落实不充分。以四川省某电站为例，电站移民安置进入实施阶段几年后，各级政府及移民管理机构之间才签订相关协议，导致移民安置工作进展不顺、进度较计划滞后较多，各方在移民安置工作中责任不清，相互推诿的现象时有发生。

（3）地方政府对移民政策的宣贯与执行有待加强。由于大中型水利水电工程建设涉及的水库移民工作点多面广、时间紧、任务重、关系复杂，各项移民政策的执行不到位将引发各种不稳定因素，给全省经济建设、社会稳定和移民群众生产生活造成不利影响。目前部分地方政府的移民干部对移民政策的熟悉程度和移民政策的宣贯与执行力度有待进一步提升，被执行者没有了解信息的渠道，或是对信息知之甚少，因此产生对政策的逃避和对抗，造成执行难、执行不到位的问题。

地方政府的这些问题，一方面，反映了地方政府为移民对象服务的意识不强，即在工作过程中没有同移民对象建立良好的服务关系；另一方面，地方政府执行不力也说明了地方政府没有维持同省级人政府的行政命令和服务的关系，地方政府不仅应该根据上级人民政府的规定开展工作，同时在移民安置过程中还同上级人民政府签订了责任书，应该遵照责任书的相关要求开展移民安置工作，保障移民安置的顺利进行。

（4）地方政府移民工作管理不能完全满足相关法律法规的要求。水利水电工程建设对大多数地区而言，不会经常出现，征地移民安置工作并不是地方政府的常态工作内容，因此管理部门对移民政策的理解和把握不够，同时由于基层缺乏项目管理专业技术人才和移民工作经验、项目管理制度体系不完善以及各自职责不明确等因素，导致移民工作业务水平低、项目的管理不够规范和专业，移民工作计划制定不合理，执行不力。实施阶段规划执行不严，设计变更随意性较大，以及先实施后补变更手续、分拆变更项目等现象大量存在。目前部分地区推行了项目总承包、业主（设计院）代建等管理模式，在一定程度上避免了移民管理部门项目管理的不足，又充分发挥了移民资金的投资效益。

5.5 提升移民安置法律关系的建议

通过移民工作法律关系的分析，针对其存在的问题和矛盾，为促进水利水电工程移民安置的顺利进行，在充分理解法律关系的基础上，提出以下建议：

（1）提高法律意识，理顺法律关系。水利水电工程移民安置工作应该在国家的相关法律法规和政策规定的要求下开展工作，随着我国市场经济的体制改革和完善，依法治国的认识和实践逐步清晰和深入。依法治国基于改革开放实践和历史经验的抉择，是治国理念的重大转变。依法治国的客观要求是依法行政，行政机关必须根据法律法规的要求依法取得和行使行政权力，对其行政行为的后果承担相应的责任。

在依法治国和依法行政的要求下，水利水电工程移民安置工作也应该依法移民。依法移民要求移民管理部门和相关各方应该在国家法律法规、省级和地方性规定、政府文件的指导下，依据移民部门行政权限和行政服务内容，依法履行水利水电工程征地补偿、移民安置、后期扶持等过程的职责，保障移民的合法权益。

因此，在国家依法治国、依法移民的大背景下，移民安置参与各方应该着重提高自身的法律意识，一方面，要充分明确自身享受的权利，对于在移民安置实施过程中损害自身权利的行为应该运用法律武器保护自身的合法权益；另一方面，参与各方更应该充分明确自身应该承担的义务，在工作过程中履行自身的职责。只有各方能够不断地提高法律意识，处理好工作过程中的关系，移民安置法律关系才能够不断地理顺，移民工作才能不断推进。

（2）规范统一相关法律关系表现形式。为确保法律关系更加顺畅和有力地执行，应对水利水电工程移民安置各方在实施过程存在法律关系的表现形式进行统一和规范，从省级层面对各方之间的法律关系表现形式（如合同、协议）、主要规定的内容、相应的程序等进行规定，存在法律关系的就必须通过相应的形式建立法律关系，从而保证法律关系的顺利推进。

（3）依法依规签订合同、协议，完善具体程序。针对在执行过程中存在的合同签订不及时、协议签订不合规等问题，督促各方特别是各级政府和移民管理机构充分认识合同、协议签订的重要意义，在开展工作之前即对合同和协议的签订高度重视，按照国家和各省的具体规定，按时签订合同和协议。同时，在合同中明确规定各方需要履行的义务和职责，对各方的违约行为明确需要承担的相应责任。

（4）与时俱进调整相关法律法规，促进移民安置法律关系的不断完善。根据日前水电工程移民安置工作的进展情况，特别是日前水电移民安置中面临的挑战可以看出，目前水电移民安置在法律关系本身还存在一定的缺陷和不足，这主要表现为：一方面，相关法律法规和政策规定过于宏观，而水电移民安置又是一项极为复杂工作，涉及社会经济的各个方面，相关政策难以在具体操作中得到贯彻实施；另一方面，目前水电移民的相关政策与其他行业相比存在一定的差距，这容易造成不同行业间的攀比，制约水电移民安置的顺利开展。

因此建议：一是要注重水电移民安置移民相关法律法规的自我完善，根据当前的新形势和新环境，避免与其他行业有太大的差距；二是在制定政策的过程中应该对政策进行细化，从而便于法律法规的落实和实施，最终使移民安置法律关系更加顺畅、不断完善。

（5）分清各方权利和义务，履行工作职责。在目前的情况下，水利水电工程移民安置涉及的各方对移民安置的法律意识不强，特别是各方对自身在移民安置过程中享有的权利和履行的义务尚未有清晰的认识，在工作过程中，有的没有充分履行自身的职责，有的也没有充分享受自己的权利。同时，由于法律意识不强，对自身的权利和义务认识不清，造成了各方之间在移民安置工作过程中的法律关系处理不顺畅，移民工作开展不顺、进度难以保障。

因此，在工作的过程中，参与各方应该分清各方的权利和义务，对他人的合法权利不能造成侵害，对自身的义务应该勇敢承担，特别是各级人民政府和移民管理机构、工程建设项目法人和相关实施单位应该充分履行自身在工作中的职责，按照相关法律规定的要求开展水利水电工程移民安置工作，不断地推进移民安置工作。

（6）加强政策宣传和引导，营造良好的舆论氛围。各级人民政府和移民管理部门应该对国家、省、市（州）等出台的相关法律规定进行大力的宣传。一方面，移民安置工作涉及各方的工作人员应该深入学习相关的法律法规和政策规定，充分理解现行移民安置的相关政策，做到熟悉工作职责、精通专业工作；另一方面，水利水电工程移民安置涉及各方应该在移民对象中对相关政策进行广泛宣传，让移民能够充分享受合法权益，并能够在政策规定的要求下，开展搬迁安置工作。

在此过程中，移民安置参与各方能够不断地了解和掌握相关的法律法规，不断地提升法律意识和权利责任意识，从而使各方在工作过程中能够维护良好的法律关系，实现依法移民。

第6章 移民安置工作关系

6.1 基础、内涵及特征

6.1.1 基础

2006 年 9 月 1 日起施行的《大中型水利水电工程建设征地补偿和移民安置条例》（国务院令第 471 号）中，提出了"移民安置工作实行政府领导、分级负责、县为基础、项目法人参与"的总体管理体制，提出了"国务院移民管理机构负责全国大中型水利水电工程移民安置工作的管理和监督。县级以上地方人民政府负责本行政区域内大中型水利水电工程移民安置工作的组织和领导；省、自治区、直辖市人民政府规定的移民管理机构，负责本行政区域内大中型水利水电工程移民安置工作的管理和监督"的总体分级管理工作机制，同时也细化了移民安置工作中移民安置协议的签订、年度计划的管理、各种安置方式下安置费及安置协议的签订、各类补偿补助费用的兑付、移民安置工作验收的管理方式，以及各级政府和相关行政管理机构对移民安置工作的督察和对移民资金的审计、监察等，进一步明确了移民安置工作的管理体制和工作机制。各级人民政府及相关行政管理部门，以及其他参与移民安置工作的相关各方，如项目法人、技术服务单位等，也以此为基础形成相互间的工作关系。

自 2006 年国务院颁布施行《大中型水利水电工程建设征地补偿和移民安置条例》（国务院令第 471 号）以来，四川省结合省情和工作实际，一方面严格贯彻落实国家的方针政策和制度规范，另一方面审慎稳妥推进移民工作改革创新，对移民政策做出部分调整，对工作规范规程不断细化优化，就此在大型水利水电工程移民安置工作各方职责和关系上也逐渐进行了进一步细化。

2013 年发布的《四川省〈大中型水利水电工程建设征地补偿和移民安置条例〉实施办法》（四川省人民政府令第 268 号），提出了"省移民管理机构负责全省大中型水利水电工程移民安置工作的管理和监督。市（州）、县（市、区）人民政府履行工作主体、实施主体和责任主体职责，负责本行政区域内移民安置和社会稳定工作"，并结合四川省实际情况，在国务院 471 号令的基础上，对大型水利水电工程移民安置实施工作提出了相关要求，规定了大型水利水电工程移民安置协议由项目法人与省人民政府或其委托的移民管理机构签订，细化了年度移民安置计划的具体上报时间和上报规定，规定了移民安置工作验收的组织工作主体等内容。

在此基础上，四川省第十二届人民代表大会常务委员会第二十七次会议于 2016 年 7 月 23 日通过了《四川省大中型水利水电工程移民工作条例》（2016 年 9 月 1 日起施行）。这是国务院 471 号令在四川省的实施操作、细化完善、固化落实、升华创新。《四川省大中型水利水电工程移民工作条例》定位为程序法，其主要细化完善了四川省移民工作的各项要求和程序，强化了各个工作的主体责任，在移民安置工作体制、移民安置实施阶段移民安置工作职责等方面均进行了细化。移民安置工作体制方面，在国务院 471 号令的基础上，该条例提出了移民工作"实行政府领导、分级负责、县为基础、项目法人和移民参与、规划设计单位技术负责、监督评估单位跟踪监督的机制"，细化了移民参与的机制，也对设计单位和监督评估单位提出了具体的工作要求，规定了各级人民政府、移民管理机构、相关部门、项目法人、规划设计、监督评估、移民群众等"三个主体五个方面"在移民安置工作中的具体职责。对实施阶段移民安置工作，该条例进一步细化了移民安置协议的签订、移民安置任务和资金计划管理、搬迁安置或者补偿协议的签订以及在设计变更、各阶段验收、蓄水引起的地质灾害处理等工作中各方具体的职责，是目前四川省各级人民政府及相关行政管理机构和其他相关单位实施大型水利水电过程移民工作的基础。

6.1.2 内涵

在大型水利水电工程移民安置实施过程中，工作关系是指参与大型水利水电工程移民安置工作的相关各方之间由于开展移民安置工作而建立起来的相互关系。大型水利水电工程移民安置实施阶段的工作关系包括两方面：一方面是省、市（州）、县（市、区）各级人民政府及移民管理机构之间工作关系，这是推动移民工作的行政关系；另一方面是项目法人与地方人民政府部门的工作关系，以及中介服务单位与地方人民政府部门的工作关系，这是推动移民工作的社会关系。

国家、省、市（州）、县（市、区）各级人民政府及行政管理机构之间的工作关系，是行政机关之间的工作关系，也包括两个层面：一个层面是指处于同一专业系统的上级主管业务部门与下级主管业务部门之间存在指导与被指导关系，在移民工作中也就是省市县各级移民管理机构之间的工作关系，包括省级移民管理机构与市级移民管理机构，市级移民管理机构与县级移民管理机构；第二个层面是处于同一组织系统或专业系统的同级机关之间的平行关系，也就是同级职能部门之间的工作关系。由于移民工作涉及的范围广、专业多，因此需要同级各部门的相互协作和配合，包括移民、国土、林业、发改、城建、交通、水利等多个行业部门。

项目法人与各级地方人民政府部门的工作关系，是指项目法人作为移民安置实施工作的参与单位，在开展移民安置实施工作时，与具体领导、组织和监督管理的各级地方人民政府建立起来的相互关系。项目法人与各级地方人民政府之间的工作关系是推动移民安置工作的基础和保障力量之一。

中介服务单位与各级地方人民政府的工作关系，是参与水利水电工程移民安置工作的中介服务单位与作为主体进行移民安置工作实施的地方人民政府之间，由于开展移民安置工作而建立起来的相互关系。移民综合设计（设代）单位、综合监理单位、独立评估单位等中介服务单位都是服务于整个实施阶段移民工作的中介服务单位，中介服务单位与地方人民政府都是工作关系，他们为地方人民政府的移民安置实施工作提供技术支撑、服务于移民安置实施工作，是推动移民工作的主要力量之一。

6.1.3 特征

大型水利水电工程移民安置实施阶段工作关系，是相关各参与方由于开展移民安置工作而建立起来的相互关系，并无合同或协议进行约束，各参与方由于参与同一电站的移民安置实施工作而产生相关之间的联系，具有以下特征：

（1）工作关系的法律性。在大型水利水电工程移民安置实施过程中，各方工作关系一方面由相关合同约束，另一方面由各级人民政府及相关部门的规章制度约束，参与各方按照相关的政策或签订的合同履行各自职责开展相关工作，由此产生相关工作关系。各参与方之间的工作关系依据国家法律、行政法规、部门规章、各省市的地方法规、地方规章及其他规范性文件或合同而依法确定，来自于法律法规各类规章制度和合同，也受到法律的保护，具有法律性。

（2）工作关系的区域性和时效性。大型水利水电工程移民安置实施阶段各方工作关系因开展同一项目的移民安置工作而建立，只存在于特定项目中，工作关系具有区域性。同时，由于各方工作关系只在同一项目中成立，相互间工作关系的持续时间与开展工作项目的存续时间密切相关，随着项目的开始而产生，也随着该特定项目的结束而终结，使得工作关系具有时效性。

（3）工作关系的复杂性。在大型水利水电工程移民安置实施过程中，参与各方具有多方面的工作关系，包括国家和国务院与各级地方人民政府之间的关系、各级地方人民政府及相互间的工作关系、行政管理机构相互间的工作关系、项目法人与地方人民政府部门的工作关系、中介服务单位与地方人民政府部门的工作关系、中介服务单位之间的工作关系等方面，各参与方相互存在着工作关系，参与各方之间的工作关系相互交织、纵横交错、错综复杂。

6.2 主要工作关系梳理与分析

根据国务院471号令相关规定，移民安置工作实行政府领导、分级负责、县为基础、项目法人参与的管理体制。国务院移民管理机构负责全国大中型水利水电工程移民安置工作的管理和监督。县级以上地方人民政府负责本行政区域内大中型水利水电工程移民安置工作的组织和领导；省、自治区、直辖市人民政府规定的移民管理机构，负责本行政区域内大中型水利水电工程移民安置工作的管理和监督。另外，在移民安置实施阶段，综合设代、综合监理及独立评估等独立的中介服务单位也通过签订合同的方式与省级移民管理机构及项目法人建立起了工作关系。

据此，在移民安置实施阶段，各级人民政府及相关部门、项目法人、独立的中介服务单位等移民安置工作各参与方根据移民政策法规或签订的合同共同开展移民安置实施相关工作，形成相互间的工作关系。各级人民政府及相关部门、项目法人、独立的中介服务单位等移民安置工作各参与方形成的工作关系可分为行政层面的工作关系和协调层面的工作关系。有行政主体参与的，行政主体与各类行政相对人产生的关系为行政层面的工作关系。在移民安置实施过程中，各级人民政府内部及各级人民政府与其他相关方之间的关系均为行政层面的工作关系。其他没有行政主体参与的，因共同从事移民安置工作而产生相关关系的各方之间的关系为协调层面的工作关系。

6.2.1 行政层面

在大型水利水电工程移民安置实施过程中，国家和国务院与各级地方人民政府之间的工作关系、各级地方人民政府相互间的工作关系、行政管理机构相互间的工作关系是行政层面的工作关系。各级人民政府与项目法人、独立评估单位等行政相对人之间的工作关系也是行政层面的工作关系。存在各类行政关系的各方之间，按照行政法律、法规、规章制度开展相关工作。

根据国务院 471 号令、四川省人民政府 268 号令及《四川省大中型水利水电工程移民工作条例》等相关规定，在移民安置实施阶段：①国家对移民安置实施全过程监督评估，对征地补偿和移民安置资金的管理部门和负责人实行审计；②省级人民政府一方面与市（州）级人民政府签订移民工作目标责任书，另一方面与项目法人签订移民安置协议，与项目法人共同委托移民安置工作监督评估单位，下达本行政区域的下年度移民安置年度计划，按照移民安置实施进度支付征地补偿和移民安置资金；③市（州）级人民政府与移民区和移民安置区县级人民政府签订移民工作目标责任书，负责本行政区域内移民安置和社会稳定工作；④移民区和移民安置区县级以上地方人民政府负责移民安置规划的组织实施。各级人民政府及行政管理部门按照相关法律规范和规章制度履行各自职责，开展移民安置工作，形成移民安置工作中的行政工作关系。

6.2.1.1　各行政管理机构的职责

6.2.1.1.1　国务院移民管理机构

根据国务院 471 号令相关规定，国家对移民安置实行全过程监督评估，国务院移民管理机构负责全国大中型水利水电工程移民安置工作的管理和监督。

6.2.1.1.2　省级层面

1. 省级人民政府及省级移民管理机构

（1）总体职责。根据国务院 471 号令相关规定，县级以上地方人民政府负责本行政区域内大中型水利水电工程移民安置工作的组织和领导；省、自治区、直辖市人民政府规定的移民管理机构，负责本行政区域内大中型水利水电工程移民安置工作的管理和监督。

根据《四川省大中型水利水电工程移民工作条例》相关规定，省、市（州）、县（市、区）人民政府负责本行政区域内大中型水利水电工程移民工作的组织和领导，建立移民工作协调机制，组织协调本行政区域内移民工作中的重大问题。

根据《四川省〈大中型水利水电工程建设征地补偿和移民安置

条例〉实施办法》（四川省人民政府令第 268 号）相关规定，省移民管理机构负责全省大中型水利水电工程移民安置工作的管理和监督。

　　根据《四川省人民政府办公厅转发省扶贫移民局四川省大中型水利水电工程移民工作管理办法（试行）的通知》（川办函〔2014〕27 号），省扶贫移民局负责全省大中型水利水电工程移民工作的管理和监督。主要职责为：①贯彻执行国家和省人民政府移民工作法规政策，研究拟定全省移民工作地方性规章、政策及规定；②组织审查建设征地实物调查细则及工作方案、移民安置规划大纲和移民安置规划，确认实物调查细则及工作方案，审批移民安置规划和移民后期扶持方案；③与大型水利水电工程项目法人签订移民安置协议，与市级人民政府签订大型水利水电工程移民安置责任书；④指导和协调建设征地移民安置工作；⑤委托开展大型水利水电工程移民安置综合设计（设代）、实施阶段设计、咨询服务工作；委托开展大中型水利水电工程移民后期扶持政策实施监测评估工作；与大型水利水电工程项目法人共同委托开展移民安置监督评估（综合监理、独立评估）工作；⑥下达大型水利水电工程移民安置年度计划；⑦组织审查大中型水利水电工程移民安置规划调整及单项工程重大设计变更报告；⑧负责大型水利水电工程移民资金的管理和监督以及内部审计、稽察与统计工作；⑨根据省人民政府委托，组织移民安置验收及后期扶持重点项目的验收工作；⑩审核上报移民后期扶持人口，指导后期扶持实施工作；⑪组织移民劳动力转移培训和移民干部培训；⑫协调处理移民工作中的重大问题，并组织有关各方进行年度考核。

　　（2）移民安置协议/移民安置项目责任书的签订。根据《大中型水利水电工程建设征地补偿和移民安置条例》（国务院令第 471 号）相关规定，大中型水利水电工程开工前，项目法人应当根据批准的移民安置规划，与移民区和移民安置区所在的省、自治区、直辖市人民政府或者市、县人民政府签订移民安置协议；签订协议的省、自治区、直辖市人民政府或者市人民政府，可以与下一级有移民或者移民安置任务的人民政府签订移民安置协议。

根据《四川省〈大中型水利水电工程建设征地补偿和移民安置条例〉实施办法》（四川省人民政府令第 268 号）相关规定，大型水利水电工程开工前，项目法人应与省人民政府或其委托的移民管理机构签订移民安置协议。

根据《四川省大中型水利水电工程移民工作条例》（2016 年 9 月 1 日起施行）相关规定，大型水电工程和跨市（州）的大型水利工程开工前，项目法人应当与省人民政府或者其委托的移民管理机构签订移民安置协议。省人民政府与市（州）人民政府应当签订移民安置项目责任书。

因此，在四川省大型水利水电工程移民安置实施中，工程开工前，项目法人应与四川省人民政府或其委托的移民管理机构签订移民安置协议，四川省人民政府或其委托的移民管理机构与市（州）人民政府或其委托的移民管理机构签订移民安置项目责任书。在移民安置项目责任书的签订上，省、市（州）、县（市、区）人民政府是签订移民安置项目责任书的双方。

（3）年度计划管理。根据《大中型水利水电工程建设征地补偿和移民安置条例》（国务院令第 471 号）相关规定，签订移民安置协议的地方人民政府，应当根据移民安置规划和项目法人的年度移民安置计划建议，在与项目法人充分协商的基础上，组织编制并下达本行政区域的下年度移民安置年度计划。

根据《四川省〈大中型水利水电工程建设征地补偿和移民安置条例〉实施办法》（四川省人民政府令第 268 号）相关规定，下一年度的移民安置计划下达后，各级地方人民政府应严格执行移民安置年度计划，不得随意调整。确需调整的，应于当年的 10 月逐级报原下达年度计划的地方人民政府或其委托的移民管理机构调整。

根据《大中型水利水电工程建设征地补偿和移民安置条例》（国务院令第 471 号）相关规定，地方人民政府或其委托的移民管理机构应于每年 12 月底前，根据移民安置规划和项目法人的年度移民安置计划建议，在与各方充分协商的基础上，组织编制并下达本行政区域下一年度的移民安置计划。各级地方人民政府应严格执行移民安置年度计划，不得随意调整。确需调整的，应于当年的 10 月逐级报原下达年度计划的地方人民政府或其委托的移民管理机构调整。

因此，在四川省大型水利水电工程移民安置实施中，四川省人民政府或其委托的移民管理机构组织编制并下达本行政区域下一年度的移民安置计划。市（州）、县（市、区）人民政府严格执行移民安置年度计划，不得随意调整。确需调整的，于当年的 10 月逐级报四川省人民政府或其委托的移民管理机构调整。在移民安置年度计划管理上，四川省人民政府或其委托的移民管理机构负责编制和调整年度计划，市（州）、县（市、区）人民政府负责执行和申请调整年度计划。

2. 省级其他行政管理机构

在大型水利水电工程移民安置实施中，其他行政管理机构指除各级移民主管部门之外的其他行政管理机构，包括发展改革（能源）、国土资源、环境保护、住房城乡建设、水利、林业、文化等部门，以及各级审计、监察机关等。

根据四川省人民政府 268 号令相关规定，省移民管理机构负责全省大中型水利水电工程移民安置工作的管理和监督。省发展改革（能源）、国土资源、环境保护、住房城乡建设、水利、林业、文化等部门在各自职责范围内做好相关工作。

根据《四川省大中型水利水电工程移民工作条例》相关规定，县（市、区）人民政府移民管理机构负责本行政区域内的移民具体工作。县级以上地方人民政府发展改革、民政、财政、审计、国土资源、住房城乡建设、交通运输、水利、农业、林业、环境保护等部门负责在各自职责范围内做好移民相关工作。

根据《国土资源部 国家发展改革委 水利部 国家能源局关于加大用地政策支持力度促进大中型水电工程建设的意见》（国土资规〔2016〕1 号），"地方各级国土资源主管部门要及时了解水利水电行业发展情况，将水利水电用地需求、空间布局、建设时序等纳入土地利用总体规划，并及时安排新增建设用地计划指标；在水利水电建设项目可行性研究、工程设计阶段，要主动服务、提供咨询、参与论证；在建设项目用地预审时，重点要从规划选址、集约节约用地、征地补偿安置、耕地占补平衡等方面严格审查把关。对具备申请用地条件的水利水电项目，市、县国土资源主管部门要及时组织用地报批，逐级呈报用地；省级国土资源主管部门要认真落实用地预审有关要求，严格审核用地有关事项，确保项目用地符合土地管理各项制度规定。""统筹做好工程占用耕地的占补平衡……对于水利水电工程项目采取自行补充耕地方式的，国土资源主管部门应积极予以支持，对补充耕地及时立项、监督指导和组织验收；采用缴纳耕地开垦费、实行委托方式补充耕地的，地方国土资源部门要优先安排本地区补充耕地储备库的耕地用于水利水电工程耕地占补平衡，保障工程顺利报批用地和建设。对于占用耕地多的水利水电项目，用地所在市、县确因耕地后备资源匮乏，难以在本行政区域内做到耕地占补平衡的，省级国土资源主管部门要积极协调，在省域内统筹安排补充耕地，切实做到耕地占补平衡"。对于临时用地管理，"临时用地管理，依照有关规定由县级以上人民政府国土资源主管部门批准，并给予土地权利人相应的损失补偿"。对于先行用地，"先行用地由省级国土资源主管部门向国土资源部提出申请，省级国土资源主管部门要指导市县认真组织申报材料并严格审核把关"。

2015 年 10 月，四川省人民政府办公室通过《研究协同推进大中型水利水电工程复（改）建公路建设工作会议纪要》，协调了大中型水利水电工程复（改）建公路建设工作的工作方式和程序，要求省级移民管理部门与省级交通行业管理部门之间加强沟通协调。但在具体实施过程中，因未明确工作牵头方，目前未能顺利实施，仍然需要完善。

6.2.1.1.3 地方政府

1. 市级人民政府及市级移民管理机构

根据《四川省〈大中型水利水电工程建设征地补偿和移民安置

条例〉实施办法》（四川省人民政府令第 268 号）相关规定，市（州）、县（市、区）人民政府履行工作主体、实施主体和责任主体职责，负责本行政区域内移民安置和社会稳定工作。

根据《四川省大中型水利水电工程移民工作条例》相关规定，省、市（州）、县（市、区）人民政府负责本行政区域内大中型水利水电工程移民工作的组织和领导，建立移民工作协调机制，组织协调本行政区域内移民工作中的重大问题。

根据《四川省大中型水利水电工程移民工作条例》相关规定，大型水电工程和跨市（州）的大型水利工程开工前，市（州）人民政府与县（市、区）人民政府应当签订移民安置项目责任书。

根据《四川省〈大中型水利水电工程建设征地补偿和移民安置条例〉实施办法》（四川省人民政府令第 268 号）相关规定，下一年度的移民安置计划下达后，各级地方人民政府应严格执行移民安置年度计划，不得随意调整。确需调整的，应于当年的 10 月逐级报原下达年度计划的地方人民政府或其委托的移民管理机构调整。因此，在四川省大型水利水电工程移民安置实施中，四川省人民政府或其委托的移民管理机构组织编制并下达本行政区域下一年度的移民安置计划后，市（州）、县（市、区）人民政府应严格执行移民安置年度计划，不得随意调整。确需调整的，于当年的 10 月逐级报四川省人民政府或其委托的移民管理机构调整。

根据《四川省人民政府办公厅转发省扶贫移民局四川省大中型水利水电工程移民工作管理办法（试行）的通知》（川办函〔2014〕27 号），市（州）移民管理机构负责管理和监督本行政区域内的移民工作，其主要职责为：①上报实物调查细则及工作方案，协调和配合移民安置规划设计工作；②出具大型水利水电工程移民安置年度计划意见，下达中型水利水电工程移民安置年度计划；③委托开展中型水利水电工程移民安置综合设计（设代）、实施阶段设计、咨询服务工作；与中型水利水电工程项目法人共同委托开展移民安置监督评估（综合监理、独立评估）工作；配合大型水利水电工程设计、综合监理和独立评估等单位开展相关工作；④指导县级移民管理机构按审批的建设征地移民安置规划开展移民安置实施工作；⑤审核申报设计变更，协调处理移民安置实施过程中的重大问题；⑥负责大中型水利水电工程移民资金管理和监督及权限内的内部审计和稽察，配合国家、省级有关部门开展移民资金审计和稽察；⑦配合开展移民安置验收，组织开展移民后期扶持和有关项目验收，汇总并上报后期扶持方案；⑧建立健全移民信息公开、参与、协商、诉求表达等机制；⑨负责移民信息统计汇总、上报工作；⑩组织中型水利水电工程移民技能培训和移民干部培训。

2. 县级人民政府及县级移民管理机构

根据《四川省大中型水利水电工程移民工作条例》相关规定，省、市（州）、县（市、区）人民政府负责本行政区域内大中型水利水电工程移民工作的组织和领导，建立移民工作协调机制，组织协调本行政区域内移民工作中的重大问题。县（市、区）人民政府负责实施大中型水利水电工程移民安置、移民资金管理和使用、移民政策宣传、社会稳定维护等工作。县（市、区）人民政府移民管理机构负责本行政区域内的移民具体工作。

根据《四川省人民政府办公厅转发省扶贫移民局四川省大中型水利水电工程移民工作管理办法（试行）的通知》（川办函〔2014〕27号），县级移民管理机构负责本行政区域内的移民具体工作，其主要职责为：①协调移民安置规划设计工作；②向市级移民管理机构上报实物调查细则及工作方案、移民安置规划；③根据移民安置规划制订移民安置工作方案，编报移民安置年度计划，完成年度计划目标；④负责移民政策宣传解释，组织听取移民和移民安置区居民的意见，配合主体设计、综合监理、独立评估、移民后期扶持政策实施监测评估等单位开展相关工作；⑤提出并上报移民安置规划调整和单项工程重大设计变更申请；⑥负责本级移民资金的管理和监督，配合有关部门开展移民资金的审计和稽察工作；⑦编制上报后期扶持方案；⑧负责移民信息统计，建立健全移民工作档案；⑨组织移民技能培训和移民干部学习。

县级人民政府及是移民安置工作的实施主体，其具体职责主要表现在以下方面：

（1）签订安置协议。根据《四川省大中型水利水电工程移民工作条例》相关规定，县（市、区）人民政府应根据移民安置规划，与移民户签订搬迁安置或者生产安置协议，与被迁建或者补偿单位签订搬迁安置或者补偿协议。

（2）农村移民安置及补偿。根据国务院471号令相关规定，农村移民在本县通过新开发土地或者调剂土地集中安置的，县级人民政府应当将土地补偿费、安置补助费直接全额兑付给该村集体经济组织或者村民委员会。农村移民分散安置到本县内其他村集体经济组织或者村民委员会的，应当由移民安置村集体经济组织或者村民委员会与县级人民政府签订协议，按照协议安排移民的生产和生活。农村移民在本省行政区域内其他县安置的，与项目法人签订移民安置协议的地方人民政府，应当及时将相应的征地补偿和移民安置资金交给移民安置区县级人民政府，用于安排移民的生产和生活。农村移民跨省安置的，项目法人应当及时将相应的征地补偿和移民安置资金交给移民安置区省、自治区、直辖市人民政府，用于安排移民的生产和生活。

移民自愿投亲靠友的，应当由本人向移民区县级人民政府提出申请，并提交接收地县级人民政府出具的接收证明；移民区县级人民政府确认其具有土地等农业生产资料后，应当与接收地县级人民政府和移民共同签订协议，将土地补偿费、安置补助费交给接收地县级人民政府，统筹安排移民的生产和生活，将个人财产补偿费和搬迁费发给移民个人。

搬迁费以及移民个人房屋和附属建筑物、个人所有的零星树木、青苗、农副业设施等个人财产补偿费，由移民区县级人民政府直接全额兑付给移民。

根据四川省人民政府268号令相关规定，农村移民选择投亲靠友、自谋职业、自谋出路方式安置的，应由本人向当地乡（镇）人民政府提出申请，经县（市、区）人民政府批准后与县（市、区）移民管理机构签订协议。县（市、区）移民管理机构按审定的标准，将生产安置费直接全额兑付给移民个人。农村集体经济组织被征收土地的补偿费、安置补助费在满足移民生产安置后，剩余资金由农村集体经济组织成员大会或成员代表大会讨论形成使用方案，报经县（市、区）人民政府批准后使用。

（3）城集镇、集中安置点建设。根据国务院 471 号令相关规定，有关地方人民政府或者村民委员会应当统一规划农村移民住房宅基地，并由移民自主建造房屋。城（集）镇迁建补偿费，由移民区县级以上地方人民政府交给当地人民政府。因扩大规模、提高标准增加的费用，由有关地方人民政府或者有关单位自行解决。根据《四川省大中型水利水电工程移民工作条例》相关规定，移民集中安置的，县（市、区）人民政府应当组织开展安置点、城（集）镇基础设施及相关配套工程建设。工程建设完成后，按照规定移交使用。农村移民分散安置的，其住房应当由移民自主建造；农村移民集中安置的，其住房应当统一规划，自主建造。县（市、区）人民政府相关部门按照职责做好规划、质量和安全监督等工作。

因此，在四川省大型水利水电工程农村移民安置点建设中，县（市、区）人民政府及相关部门需统一规划农村移民集中安置点，组织开展安置点、城（集）镇基础设施及相关配套工程建设，并做好建设过程中的质量和安全监督等工作。

（4）专业项目处理。根据国务院 471 号令相关规定，工矿企业迁建、专项设施迁建或者复建补偿费，由移民区县级以上地方人民政府交给当地人民政府或者有关单位。因扩大规模、提高标准增加的费用，由有关地方人民政府或者有关单位自行解决。根据《四川省大中型水利水电工程移民工作条例》相关规定，县（市、区）人民政府或者省、市（州）人民政府移民管理机构依据批准的移民安置规划与企事业单位和水利、交通、电力、电信等专项设施权属单位签订补偿和迁建或者复建协议。迁建或者复建项目建设完成后，有关行业主管部门应当会同移民管理机构及时组织验收并移交使用。

（5）设计变更管理。根据《四川省大中型水利水电工程移民工作条例》相关规定，移民安置项目设计变更分为一般设计变更和重大设计变更。一般设计变更由综合监理单位审核，经县（市、区）人民政府批准后实施，同时送省、市人民政府移民管理机构；重大设计变更经市（州）、县（市、区）人民政府移民管理机构、规划设计单位、综合监理单位提出意见，由省人民政府移民管理机构会同项目法人审核后实施。

另外，根据《四川省大中型水利水电工程移民安置设计变更工作规范》，对于重大变更，"移民安置实施各相关方根据现场实际情况，向移民管理机构提出重大设计变更方案。移民管理机构征求综合设计（设代）和综合监理意见。综合设计（设代）和综合监理收到变更方案后，10个工作日以内提出书面意见。移民管理机构逐级向省扶贫移民局上报重大设计变更方案。省扶贫移民局在收到变更方案申请后，由移民安置处会同规划处一般在5个工作日内提出处理意见，商项目法人后，报分管副局长审批，办理批复文件。必要时应组织专家对重大设计变更方案提出咨询意见。实施单位组织设计单位按照同意变更批复意见，一般在30个工作日内编制设计变更报告，提交移民管理机构逐级上报省扶贫移民局……移民安置处根据评审意见及审定本拟定批复文件，经分管副局长签批后印发"。对于一般变更，"移民安置实施各相关方根据现场实际情况，向移民管理机构提出一般设计变更申请。移民安置综合监理单位在收到移民管理机构的设计变更申请后，一般在5个工作日内，组织移民管理机构、综合设计（设代）、项目法人等单位对变更方案进行论证，形成现场处理措施，由设计单位编制实施方案。移民管理机构将编制的实施方案按季度汇总逐级上报省扶贫移民局审核。省扶贫移民局收到变更汇总处理意见后，由移民安置处一般在5个工作日内提出处理意见，报分管副局长审批后，办理确认文件"。

（6）移民安置验收。根据国务院471号令相关规定，移民安置达到阶段性目标和移民安置工作完毕后，省、自治区、直辖市人民政府或者国务院移民管理机构应当组织有关单位进行验收。根据四川省人民政府268号令相关规定，移民安置完成阶段性目标和移民安置工作完毕后，由省人民政府或其委托的有关部门组织验收。根据《四川省大中型水利水电工程移民工作条例》相关规定，移民安置验收按照截流、蓄水阶段性验收和竣工验收进行。市（州）、县（市、区）人民政府根据各阶段移民安置任务完成情况，逐级上报省人民政府或者其委托的有关部门组织验收。

因此，在四川省大型水利水电工程移民安置验收按照截流、蓄水阶段性验收和竣工验收进行，市（州）、县（市、区）人民政府根据各阶段移民安置任务完成情况，逐级上报省人民政府或者其委托的有关部门组织验收。

（7）年度资金计划执行和申请调整。根据《四川省〈大中型水利水电工程建设征地补偿和移民安置条例〉实施办法》（四川省人民政府令第 268 号）相关规定，四川省人民政府或其委托的移民管理机构组织编制并下达本行政区域下一年度的移民安置计划后，市（州）、县（市、区）人民政府严格执行移民安置年度计划，不得随意调整。确需调整的，于当年的 10 月逐级报四川省人民政府或其委托的移民管理机构调整。

（8）其他。根据国务院 471 号令相关规定，县级以上人民政府土地主管部门负责批准大中型水利水电工程建设临时用地。县级以上地方人民政府或者其移民管理机构以及项目法人应当建立移民工作档案，并按照国家有关规定进行管理。

根据四川省人民政府 268 号令相关规定，县（市、区）、市（州）移民管理机构应做好移民安置统计工作，并逐级报省移民管理机构。

根据《四川省大中型水利水电工程移民工作条例》相关规定，县级以上地方人民政府移民管理机构应当建立移民信息系统，开展相关信息、数据的调查、统计、分析等工作。县（市、区）人民政府应当按照移民安置规划组织实施库底清理工作。地方各级人民政府应当加强对移民在社会关系重建、文化习俗、生产生活、卫生教育等方面的人文关怀，开展对移民生产和就业技能的培训，引导和帮助移民尽快融入安置区当地社会。

6.2.1.2 各行政管理机构间的工作关系

对四川省大型水利水电移民安置实施工作中参与的各行政管理机构，其相互间的工作关系存在着横向联系和纵向联系两类。无隶属关系的各类行政管理机构间的工作联系为横向联系，基于隶属性形成的上下级行政机关之间的工作联系为纵向联系。

6.2.1.2.1 横向联系

行政机关之间的横向联系，指无隶属关系的行政机关之间的联系。两个行政机关，不管是否处于同一等级，只要他们无隶属关系，概属横向关系。这种关系又有三种情况：第一种是权限划分联系，如人民政府各部门之间的权限划分，这类权限划分的结果是各种行政管辖权；第二种是公务协助联系，又称职务上的协助，是指对于某一事务无管辖权的行政机关，基于有管辖权行政机关的请求，依法运用职权予以协助；第三种是监督制约联系，如审计部门、监察部门、财政部门与其他行政机关就有这种监督与制约关系。

1. 省级行政管理机构之间的横向联系

根据《四川省〈大中型水利水电工程建设征地补偿和移民安置条例〉实施办法》（四川省人民政府令第 268 号）相关规定，省移民管理机构负责全省大中型水利水电工程移民安置工作的管理和监督。省发展改革（能源）、国土资源、环境保护、住房城乡建设、水利、林业、文化等部门在各自职责范围内做好相关工作。

根据《四川省人民政府办公厅转发省扶贫移民局四川省大中型水利水电工程移民工作管理办法（试行）的通知》（川办函〔2014〕27 号），省扶贫移民局负责全省大中型水利水电工程移民工作的管理和监督。省发展改革（能源）、民政、财政、国土资源、环境保护、住房城乡建设、交通运输、水利、林业、文化、审计、宗教、信访、监察等部门在各自职责范围内做好征地、移民及专项设施迁（复）建涉及的相关工作。

在四川省大型水利水电工程移民安置实施工作中，省级移民管理机构与省级其他行政管理机构之间的横向联系是公务协助联系，对于移民安置工作，省级移民管理机构有管辖权，但对其中的交通、文物等专业项目，需要交通、文物等行业关机部门进行协助配合。

2. 市县级行政管理机构之间的横向联系

根据《四川省大中型水利水电工程移民工作条例》相关规定，县（市、区）人民政府移民管理机构负责本行政区域内的移民具体工作。县级以上地方人民政府发展改革、民政、财政、审计、国土资源、住房城乡建设、交通运输、水利、农业、林业、环境保护等部门负责在各自职责范围内做好移民相关工作。

根据《四川省人民政府办公厅转发省扶贫移民局四川省大中型水利水电工程移民工作管理办法（试行）的通知》（川办函〔2014〕27号），市（州）移民管理机构负责管理和监督本行政区域内的移民工作。市级发展改革（能源）、民政、财政、国土资源、环境保护、住房城乡建设、交通运输、水利、林业、文化、审计、宗教、信访、监察等部门在各自职责范围内做好征地、移民及专项设施迁（复）建涉及的相关工作。

在四川省大型水利水电工程移民安置实施工作中，市县级移民管理机构与市县级其他行政管理机构之间的横向联系是公务协助联系，对于移民安置工作，市县级移民管理机构有管辖权，但对其中的交通、文物等专业项目，需要交通、文物等行业关机部门进行协助配合。

6.2.1.2.2 纵向联系

行政机关之间的纵向联系，是指在行政组织系统中基于隶属性所形成的上下级行政机关之间的关系。这种关系又可分为两种：一种是领导关系，即上下级行政机关之间的命令与服从关系。在领导关系中，上级行政机关享有命令、指挥和监督等项权力，有权对下级机关违法或不当的决定等行为予以改变或撤销。下级行政机关负有服从、执行上级行政机关决定、命令的义务，不得违背或拒绝，否则就要承担一定的法律后果。另一种是指导关系，即上下级行政机关之间的一种行业或业务上的指导与监督关系。在指导关系中，上级主管部门享有业务上的指导权和监督权，但没有对下级行政机关的直接命令、指挥权。

1. 省级人民政府与市县级人民政府之间的纵向联系

根据国务院 471 号令相关规定，县级以上地方人民政府负责本行政区域内大中型水利水电工程移民安置工作的组织和领导；省、自治区、直辖市人民政府规定的移民管理机构，负责本行政区域内大中型水利水电工程移民安置工作的管理和监督。根据《四川省大中型水利水电工程移民工作条例》相关规定，省、市（州）、县（市、区）人民政府负责本行政区域内大中型水利水电工程移民工作的组织和领导，建立移民工作协调机制，组织协调本行政区域内移民工作中的重大问题。

根据《四川省〈大中型水利水电工程建设征地补偿和移民安置条例〉实施办法》（四川省人民政府令第 268 号）相关规定，市（州）、县（市、区）人民政府履行工作主体、实施主体和责任主体职责，负责本行政区域内移民安置和社会稳定工作。根据《四川省人民政府办公厅转发省扶贫移民局四川省大中型水利水电工程移民工作管理办法（试行）的通知》（川办函〔2014〕27 号），市（州）人民政府负责本行政区域内移民工作的组织领导。

根据《大中型水利水电工程建设征地补偿和移民安置条例》（国务院令第 471 号）相关规定，大中型水利水电工程开工前，项目法人应当根据经批准的移民安置规划，与移民区和移民安置区所在的省、自治区、直辖市人民政府或者市、县人民政府签订移民安置协议；签订协议的省、自治区、直辖市人民政府或者市人民政府，可以与下一级有移民或者移民安置任务的人民政府签订移民安置协议。根据《四川省大中型水利水电工程移民工作条例》相关规定，大型水电工程和跨市（州）的大型水利工程开工前，市（州）人民政府与县（市、区）人民政府应当签订移民安置项目责任书。

省级人民政府与市县级人民政府之间是领导关系。上级人民政府享有命令、指挥和监督等项权力，有权对下级人民政府违法或不当的决定等行为予以改变或撤销。下级人民政府负有服从、执行上级行政机关决定、命令的义务，不得违背或拒绝，否则就要承担一定的法律后果。在四川省大型水利水电工程移民安置实施工作中，省级人民政府负责省内大中型水利水电工程移民安置工作的管理和监督，各市（州）人民政府负责各自市（州）范围内大中型水利水电工程移民安置工作的管理和监督，负责市（州）范围内大型水利水电工程移民工作的组织和领导，建立移民工作协调机制，组织协调本行政区域内移民工作中的重大问题。移民安置项目责任书是省级人民政府与市州级人民政府在工作上的直接责任联系。

2. 省级移民管理机构与市县级移民管理机构之间的纵向联系

根据国务院 471 号令相关规定，省、自治区、直辖市人民政府规定的移民管理机构，负责本行政区域内大中型水利水电工程移民安置工作的管理和监督。

根据《四川省〈大中型水利水电工程建设征地补偿和移民安置条例〉实施办法》（四川省人民政府令第 268 号）相关规定，省移民管理机构负责全省大中型水利水电工程移民安置工作的管理和监督。

根据《四川省人民政府办公厅转发省扶贫移民局四川省大中型水利水电工程移民工作管理办法（试行）的通知》（川办函〔2014〕27 号），省扶贫移民局负责全省大中型水利水电工程移民工作的管理和监督，市（州）移民管理机构负责管理和监督本行政区域内的移民工作，县级移民管理机构负责本行政区域内的移民具体工作。

省级移民管理机构与市县级移民管理机构之间是指导关系，即省级移民管理机构对市县级移民管理机构有行业或业务上的指导与监督权利。在四川省大型水利水电工程移民安置实施工作中，省移民管理机构负责全省大型水利水电工程移民安置工作的管理和监督，市（州）移民管理机构负责管理和监督本行政区域内的移民工作，县级移民管理机构负责本行政区域内的移民具体工作。除行政管理关系外，各级移民管理机构按照相关法律规范和规章制度履行各自职责，开展移民安置工作。

6.2.2 协调层面

在移民安置实施过程中，其他没有行政主体参与的，因共同从事移民安置工作而产生相关关系的各方之间的关系为协调层面的工作关系。在四川省大型水利水电工程移民安置实施过程中，协调层面的工作关系中的相关方主要包括项目法人、中介服务单位等。

6.2.2.1 项目法人

根据《四川省大中型水利水电工程移民工作条例》（2016 年 9 月 1 日起施行）相关规定，项目法人负责移民安置规划大纲和移民安置规划的编制工作，落实移民资金，参与移民工作。在移民安置实施阶段，项目法人参与移民安置工作，主要负责签订移民安置协议、委托监督评估单位、提出下年度移民安置计划建议及支付移民安置资金等工作，并根据相关法律法规规定与地方人民政府共同开展上述移民安置工作，在移民安置实施中形成工作关系。

（1）项目法人与地方人民政府签订移民安置协议。根据《大中型水利水电工程建设征地补偿和移民安置条例》（国务院令第 471 号）相关规定，大中型水利水电工程开工前，项目法人应当根据经批准的移民安置规划，与移民区和移民安置区所在的省、自治区、直辖市人民政府或者市、县人民政府签订移民安置协议。根据《四川省〈大中型水利水电工程建设征地补偿和移民安置条例〉实施办法》（四川省人民政府令第 268 号）相关规定，大型水利水电工程开工前，项目法人应与省人民政府或其委托的移民管理机构签订移民安置协议。根据《四川省大中型水利水电工程移民工作条例》（2016 年 9 月 1 日起施行）相关规定，大型水电工程和跨市（州）的大型水利工程开工前，项目法人应当与省人民政府或者其委托的移民管理机构签订移民安置协议。

因此，在四川省大型水利水电工程移民安置实施中，工程开工前，项目法人应与四川省人民政府或其委托的移民管理机构签订移民安置协议。

（2）移民法人与地方人民政府联合委托监督评估单位。根据

《大中型水利水电工程建设征地补偿和移民安置条例》（国务院令第471号）相关规定，签订移民安置协议的地方人民政府和项目法人应当采取招标的方式，共同委托有移民安置监督评估专业技术能力的单位对移民搬迁进度、移民安置质量、移民资金的拨付和使用情况以及移民生活水平的恢复情况进行监督评估。

根据《四川省大中型水利水电工程移民工作条例》（2016年9月1日起施行）相关规定，"签订移民安置协议的移民管理机构与项目法人应当通过招标方式共同委托移民安置综合监理单位和独立评估单位"。

另外，根据《四川省大型水利水电工程移民安置实施阶段设计和监督评估委托工作规范》，对于监督评估单位的委托，"监督评估委托工作在移民安置规划审核批复后，由移民安置处与项目法人对移民安置监督评估招标方式、原则、时间等进行协商，形成委托工作建议方案，经分管副局长审核并报局长同意，提交局长办公会研究审定后启动委托工作""项目法人编制完成招标文件后，移民安置处会同政策法规处审查，经分管副局长审核并报局长同意，提交局长办公会研究审定后，项目法人按照招投标法的相关规定负责具体招标工作的组织实施，移民安置处派人作为招标人代表参加评标委员会，纪检组或政策法规处派人进行监标。中标候选人公示后，项目法人将评标报告、中标候选人名单及公示结果提交省扶贫移民局，由移民安置处按程序报局长办公会审定后，由省扶贫移民局和项目法人共同签发中标通知书""移民安置监督评估项目中标通知书签发后，由移民安置处、项目法人共同与中标单位进行合同谈判，按移民安置监督评估合同规范文本形成监督评估合同，经政策法规处审查，经分管副局长审核并报局长同意，报局长办公会审定。省扶贫移民局与项目法人的法定代表人或授权代理人共同与中标单位法定代表人或授权代理人签订监督评估合同"。

（3）启动先移民后建设工作。根据《四川省大中型水利水电工程移民工作条例》（2016年9月1日起施行）相关规定，需要先移民后建设的项目，移民安置规划审核后，工程项目核准前，项目法人可以报省人民政府发展改革行政主管部门核准，会同项目所在地人民政府启动先移民后建设项目移民安置相关工作。

因此，需要先移民后建设的四川省大型水利水电工程，项目法人依法会同项目所在地人民政府启动先移民后建设项目移民安置相关工作。

（4）建设用地报批。根据《国土资源部国家发展改革委水利部国家能源局关于加大用地侦测支持力度促进大中型水电工程建设的意见》（国土资规〔2016〕1号），"水利水电工程枢纽工程建设区和水库淹没区用地由建设用地单位向用地所在市、县人民政府国土资源主管部门提出用地申请；移民迁建和专项设施复（改）建用地由市、县移民主管部门或具体用地单位按移民安置规划及移民安置年度计划，向用地所在市、县人民政府国土资源主管部门提出用地申请。需报国务院批准的水利水电工程用地，涉及多个省份或在省域内涉及多个市、县的，由有关省（区、市）组织各市、县国土资源主管部门分别准备报批材料，省级国土资源主管部门汇总后，以省（区、市）为单位报批"。

（5）移民法人向地方人政府提出下年度移民安置计划建议。根据《大中型水利水电工程建设征地补偿和移民安置条例》（国务院令第471号）相关规定，项目法人应当根据大中型水利水电工程建设的要求和移民安置规划，在每年汛期结束后60日内，向与其签订移民安置协议的地方人民政府提出下年度移民安置计划建议；签订移民安置协议的地方人民政府，应当根据移民安置规划和项目法人的年度移民安置计划建议，在与项目法人充分协商的基础上，组织编制并下达本行政区域的下年度移民安置年度计划。

根据《四川省〈大中型水利水电工程建设征地补偿和移民安置条例〉实施办法》（四川省人民政府令第268号）相关规定，项目法人应于每年10月底前，向与其签订移民安置协议的地方人民政府或其委托的移民管理机构提出下一年度移民安置计划建议。地方人民政府或其委托的移民管理机构应于每年12月底前，根据移民安置规划和项目法人的年度移民安置计划建议，在与各方充分协商的基础上，组织编制并下达本行政区域下一年度的移民安置计划。

根据《四川省大中型水利水电工程移民工作条例》（2016 年 9 月 1 日起施行）相关规定，项目法人在每年 10 月上旬，向签订移民安置协议的地方人民政府或者其委托的移民管理机构提交次年移民安置任务和资金计划建议。县（市、区）人民政府移民管理机构按照年度计划编制要求，会同规划设计单位和综合监理单位编制年度计划方案，并逐级报送签订移民安置协议的地方人民政府或者其委托的移民管理机构。签订移民安置协议的地方人民政府或者其委托的移民管理机构征求项目法人意见后下达年度计划。

因此，在四川省大型水利水电工程移民安置实施中，项目法人在每年 10 月上旬向四川省人民政府或其委托的移民管理机构提交次年移民安置任务和资金计划建议，四川省人民政府或其委托的移民管理机构征求项目法人意见后下达年度计划。

（6）移民法人向地方人民政府支付移民安置资金。根据《大中型水利水电工程建设征地补偿和移民安置条例》（国务院令第 471 号）相关规定，项目法人应当根据移民安置年度计划，按照移民安置实施进度将征地补偿和移民安置资金支付给与其签订移民安置协议的地方人民政府。根据《四川省〈大中型水利水电工程建设征地补偿和移民安置条例〉实施办法》（四川省人民政府令第 268 号）相关规定，大型水利水电工程项目法人应根据省移民管理机构下达的建设征地移民安置年度计划，按照移民安置实施进度分期将移民资金拨付省移民管理机构。

（7）蓄水后相关移民工作。根据《四川省大中型水利水电工程移民工作条例》（2016 年 9 月 1 日起施行）相关规定，项目法人或者项目主管部门负责编制水库蓄水引起的滑坡塌岸等地质灾害影响处理方案，经县（市、区）人民政府确认后，逐级报省人民政府移民管理机构审核后实施。

（8）年度考核。根据《四川省扶贫和移民工作局关于印发〈四川省大中型水利水电工程移民安置实施阶段设计管理办法〉的通知》（川扶贫移民发〔2013〕444号），项目法人负责"参与对综合设计（设代）工作的年度考核"。

6.2.2.2　中介服务单位

在移民安置实施工作中，涉及移民安置规划设计及综合设代单位、综合监理单位和独立评估单位及其他中介服务单位。根据《四川省大中型水利水电工程移民工作条例》（2016年9月1日起施行）相关规定，规划设计单位负责移民安置相关规划设计，对设计成果质量负责，参与移民工作。移民安置综合监理单位负责移民安置全过程的监督，参与移民工作。独立评估单位负责移民安置、移民生产、移民生活水平等评价工作。

1. 中介服务单位与地方人民政府之间的工作关系

（1）中介服务单位的委托。根据《四川省大中型水利水电工程移民工作条例》（2016年9月1日起施行）相关规定，"省人民政府移民管理机构负责大型水电工程和跨市（州）的大型水利工程移民安置实施阶段综合设计单位和技术咨询审查机构的委托……签订移民安置协议的移民管理机构与项目法人应当通过招标方式共同委托移民安置综合监理单位和独立评估单位"。

另外，根据《四川省大型水利水电工程移民安置实施阶段设计和监督评估委托工作规范》，对于实施阶段设计的委托，"移民安置实施阶段设计工作由省扶贫移民局委托""移民安置实施阶段设计委托工作在移民安置规划审核批复后，由移民安置处与移民安置设计单位对移民安置实施阶段设计工作方法、内容、时间、费用等进行协商，形成委托工作建议方案，经分管副局长审核并报局长同意，提交局长办公会研究审定后启动委托工作""移民安置实施阶段设计单位确定后，移民安置处与承担移民安置设计任务的单位进行合同谈判，形成设计合同文本，经政策法规处审查，经分管副局长审核并报局长同意，报局长办公会审定。省扶贫移民局法定代表人或授权代理人与移民安置设计单位法定代表人或授权代理人签订设计合同"。同时，对于监督评估单位的委托，"移民安置监督评估工作由省扶贫移民局和项目法人共同委托"，该项工作中的相互关系，详见项目法人与地方政府之间的相互关系。

因此，在四川省大型水利水电工程移民安置实施中，省人民政府移民管理机构负责移民安置实施阶段综合设计单位和技术咨询审查机构的委托，省级移民管理机构与项目法人通过招标方式共同委托移民安置综合监理单位和独立评估单位。

（2）年度计划管理。根据《四川省大中型水利水电工程移民工作条例》（2016年9月1日起施行）相关规定，县（市、区）人民政府移民管理机构按照年度计划编制要求，会同规划设计单位和综合监理单位编制年度计划方案，并逐级报送签订移民安置协议的地方人民政府或者其委托的移民管理机构。

因此，在四川省大型水利水电工程移民安置实施中，县（市、区）人民政府移民管理机构按照年度计划编制要求，会同规划设计单位和综合监理单位编制年度计划方案，并逐级报送四川省人民政府或其委托的移民管理机构。

（3）年度考核。根据《四川省扶贫和移民工作局关于印发〈四川省大中型水利水电工程移民安置实施阶段设计管理办法〉的通知》（川扶贫移民发〔2013〕444号），省扶贫移民局负责对全省移民安置实施阶段设计工作的监督和管理，负责"组织对大型水利水电工程移民安置综合设计（设代）工作的年度考核"；市级及县级移民管理机构负责"参与大型水利水电工程移民安置综合设计（设代）工作的年度考核"。

2. 中介服务单位与项目法人之间的工作关系

（1）中介服务单位的委托。根据《四川省大中型水利水电工程移民工作条例》（2016年9月1日起施行）相关规定，在四川省大型水利水电工程移民安置实施中，省人民政府移民管理机构负责移民安置实施阶段综合设计单位和技术咨询审查机构的委托，省级移民管理机构与项目法人通过招标方式共同委托移民安置综合监理单位和独立评估单位。

（2）设计变更。根据《四川省发展和改革委员会四川省能源局关于进一步加强水电工程设计变更管理的通知》（川发改能源函

〔2015〕1003号），"各勘测设计单位要建立健全设计变更审查制度……对一般设计变更，勘测设计单位编制设计变更文件，项目建设单位组织审查后，勘测设计单位出具设计变更通知；对重大设计变更，项目建设单位组织勘测设计单位编制设计变更专题报告，报原技术审查单位审查并出具审查意见后，报项目原核准机关申请核准事项调整""项目建设单位要……及时对设计变更情况进行分类汇总，建立设计变更管理台账""项目建设单位和勘测设计单位要正确处理好优化涉及与重大设计变更的关系……"。

3. 中介服务单位之间的工作关系

（1）年度计划编制。根据《四川省扶贫和移民工作局关于印发〈四川省大中型水利水电工程移民安置实施阶段设计管理办法〉的通知》（川扶贫移民发〔2013〕444号）及《四川省扶贫和移民工作局关于印发〈四川省大型水利水电工程移民安置综合设计（设代）工作考核办法〉的通知》（川扶贫移民发〔2013〕447号）等文件，设代单位负责"协助县级移民管理机构编制移民安置年度计划及年度调整计划"。

（2）年度考核。根据《四川省扶贫和移民工作局关于印发〈四川省大中型水利水电工程移民安置实施阶段设计管理办法〉的通知》（川扶贫移民发〔2013〕444号），综合设代单位"参与对移民安置监督评估工作的年度考核"，综合监理单位负责"参与对移民安置综合设计（设代）单位的年度考核"。

（3）设计变更。根据《四川省扶贫和移民工作局关于印发〈四川省大中型水利水电工程移民安置实施阶段设计管理办法〉的通知》（川扶贫移民发〔2013〕444号），设代单位负责"配合相关单位开展单项工程设计变更处理，编制设计变更文件""对移民安置实施阶段的移民安置项目规划调整和设计变更出具综合设计（设代）意见"。综合监理单位负责"商移民安置综合设计（设代）单位对移民安置项目规划调整、重大设计变更和一般设计变更进行界定。对移民安置项目规划调整和重大设计变更提出监理意见。负责组织一般设计变更的现场处理"。

6.2.3 小结

总体而言，移民安置实施阶段的工作关系包括国家、省、市（州）、县（市、区）各级人民政府及行政管理机构间的行政工作关系，项目法人与各级地方人民政府部门的工作关系以及中介服务单位与各级地方人民政府的工作关系（图6.1和图6.2）。

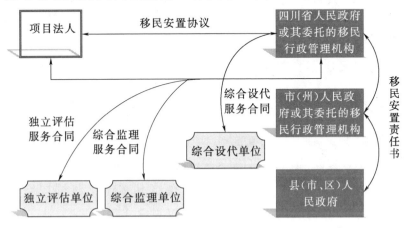

图 6.1　实施阶段各方协调层面的工作关系图

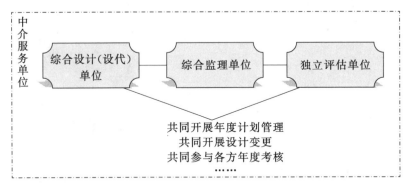

图 6.2　实施阶段中介服务单位之间协调层面的工作关系图

在国家、省、市（州）、县（市、区）各级人民政府及行政管理机构间的行政工作关系中：①国家对移民安置实行全过程监督评估，国务院移民管理机构负责全国大中型水利水电工程移民安置工作的管理和监督。②省、市（州）、县（市、区）分级负责本行政区域内移民安置工作的组织和领导，市（州）、县（市、区）人民政府是移民安置工作的主体，县（市、区）人民政府负责移民安置工作的实施；四川省移民管理机构负责全省大中型水利水电工程移民安置工作的管理和监督。县级以上地方人民政府发展改革、民政、财政、审计、国土资源、住房城乡建设、交通运输、水利、农业、林业、环境保护等部门负责在各自职责范围内做好移民相关工作。

在项目法人与各级地方人民政府部门的工作关系中，包括项目法人与四川省人民政府或其委托的移民管理机构签订移民安置协议、共同委托移民安置监督评估专业单位、启动先移民后建设项目移民安置相关工作、提交和下达次年年度计划、支付和拨付移民安置资金、并展蓄水后引起的后续移民工作。

在中介服务单位与各级地方人民政府的工作关系中，中介服务单位的职责主要是为移民安置工作的实施单位提供技术服务，负责移民安置规划设计设代、移民安置工作监督及移民安置评价等工作。

根据以上分析可知，在四川省大型水利水电工程移民安置工作中，相关各方已明确的工作关系及建议见表6.1。

四川省大型水利水电工程移民安置实施中，各参与方的工作关系见图6.3和图6.4。

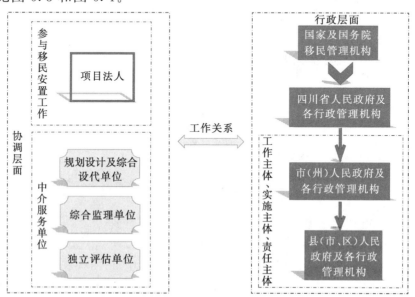

图6.3 四川省大型水利水电工程移民安置实施阶段各参与方工作关系简图

表 6.1 相关各方间已明确的工作关系及建议

类别		相关方	主要表现形式	内容要点	建议新增表现形式及主要内容要点
行政层面	纵向联系	省级人民政府与省级移民管理机构及其他省级行政管理机构	(1)《大中型水利水电工程建设征地补偿和移民安置条例》(国务院令第471号); (2)《四川省〈大中型水利水电工程建设征地补偿和移民安置条例〉实施办法》(四川省人民政府令第268号); (3)《四川省人民政府办公厅转发省扶贫移民局四川省大中型水利水电工程移民工作管理办法(试行)的通知》(川办函[2014]27号);	领导关系。省人民政府负责本行政区域内大中型水利水电工程移民工作协调机制,组织协调本行政区域内移民工作中的重大问题。省发展改革(能源)、国土资源、水利、林业、文化等部门在各自职责范围内做好相关工作	—
		省级人民政府与市县级人民政府		领导关系。省、市(州)、县(市、区)人民政府负责本行政区域内大中型水利水电工程移民工作的组织和领导,建立移民工作协调机制,组织协调本行政区域内移民工作中的重大问题	—
		省级移民管理机构与市县级移民管理机构		指导关系。省扶贫移民局负责全省大中型水利水电工程移民工作的管理和监督,市(州)移民管理机构和县级移民管理机构负责本行政区域内的移民工作,县级移民管理机构负责本行政区域内移民的具体工作	进一步确定省、市、县各级行业主管部门及移民工作的具体职责,包括移民工作的审查审批、手续办理、变更处理、竣工验收等工作交等工作

续表

类别		相关方	主要表现形式	内容要点	建议新增表现形式及主要内容要点
行政层面	横向联系	省级行政管理机构之间	（4）《四川省大中型水利水电工程移民工作条例》（2016年9月1日起施行）； （5）××××年度大型水利水电工程移民工作目标责任书； （6）行政管理制度	省移民管理机构负责全省大中型水利水电工程移民安置工作的管理和监督。省发展改革、能源、国土资源、环境保护、住房城乡建设、水利、林业、文化等部门在各自职责范围内做好相关工作	建议通过《四川省大中型水利水电工程移民安置工作程序管理办法》等政策的发布，确定移民工程中、各相关行业部门与移民管理部门之间的协调配合方式和各自职责
		市县级行政管理机构之间		市（州）移民管理机构负责管理和监督本行政区域内的移民工作。市级发展改革、能源）、民政、财政、国土资源、环境保护、住房城乡建设、交通运输、水利、林业、文化、审计、宗教、信访、监察等部门在各自职责范围内做好征地、移民安置及专项设施迁正（复）建设涉及的相关工作。 县（市、区）人民政府移民管理机构负责本行政区域内的移民具体工作。县级以上地方人民政府发展改革、民政、财政、国土资源、住房城乡建设、交通运输、审计、农业、水利、林业、环境保护等部门负责在各自职责范围内做好移民相关工作	—

146

续表

类别	相关方	主要表现形式	内容要点	建议新增表现形式及主要内容要点
协调层面	项目法人与地方人民政府		签订移民安置协议,联合委托监督评估单位,分别提出与审批下年度移民安置计划建议,分别与参与与组织年度考核	(1)各市(州)政府出台本行政区域内的水电移民安置工作中所有相关方的职责进行规定;(2)以项目法人与省人民政府之间签订的移民安置协议实施过程为基础,针对移民安置实施过程中具体的事项处理,包括协议签订、设计变更、审查及咨询、竣工验收等方面,明确项目法人与市、县级移民管理机构之间的职责分工、权利、义务
	中介服务单位与地方人民政府		省人民政府移民管理机构负责移民安置实施阶段综合移民管理机构的委托,省级移民委托移民管理机构与移民安置综合监理按照招标和独立评标方式共同委托监理单位;县(市、区)人民政府移民管理机构与移民综合监理机构按照省监理单位和综合监理报送四川省人民政府或其委托的移民管理机构。省扶贫移民局负责对全省移民安置工作的监督和管理,负责"组织大型水电工程设计(设代)工作的年度的年度考核";市级及县级移民安置综合设计水电水利工程移民安置综合监理综合设计水电水利工程的年度考核"	以中介服务机构之间签订的移民安置协议为基础,针对移民安置实施过程中具体的事项处理,设计标准、设计变更、方案调整,进一步明确中介服务单位与市、县级移民管理机构之间的职责分工、权利、义务

续表

类别	相关方	主要表现形式	内容要点	建议新增表现形式及主要内容要点
协调层面	中介服务单位与项目法人		省级移民管理机构与项目法人通过招标方式共同委托移民安置综合监理单位和独立评估单位	—
	中介服务单位之间		共同编制年度计划，参与相互间的年度考核，共同把关设计变更等	—

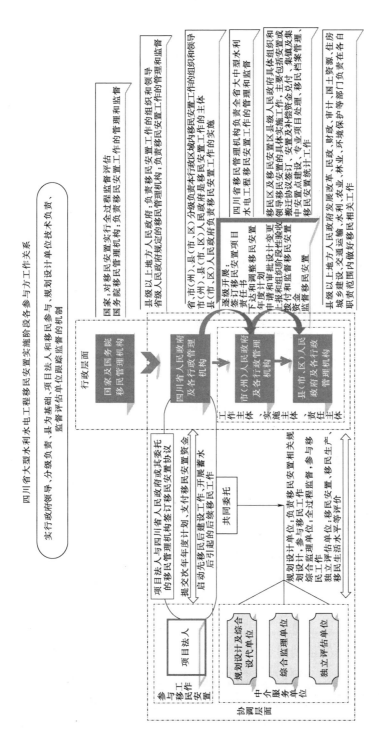

图 6.4 四川省大型水利水电工程移民安置实施阶段各参与方工作关系图

6.3 面临的问题及矛盾

根据以上分析可知,在四川省大型水利水电工程移民安置实施过程中,存在着部分相关方在工作中实际有工作关系但未通过相关方式明确相关关系的情况,具体表现在以下方面:

(1) 各级移民主管部门与同级其他行政管理机构相互间的工作关系有待进一步明确。

以省级移民管理机构与其他行政管理机构为例进行分析。对于移民安置工作,其他行政管理机构的职责,根据现有相关规定,仅提及"省发展改革(能源)、国土资源、环境保护、住房城乡建设、水利、林业、文化等部门在各自职责范围内做好相关工作"及"民政、财政、审计、国土资源、住房城乡建设、交通运输、水利、农业、林业、环境保护等部门负责在各自职责范围内做好移民相关工作"。省级其他行政管理机构与省级移民主管部门相互间的工作关系中,对于同时涉及多个行政管理机构的移民项目,所涉及的各行政管理机构具体的职责和相互间的协作关系目前尚无明文规定,工作中需要开展大量的协调工作。

如在某大型水电工程中的库区道路复建工程上,针对道路的复建标准,涉及的是否执行行业管理部门发布的普通道路的建设标准,执行行业管理部门发布的普通道路的建设标准后项目法人与项目所在地地方人民政府间如何分摊,在库区道路复建工程的工程可行性研究、初步设计、施工图设计成果的审查和批复、项目建设、竣工验收及移交等过程中,省移民管理部门和省交通运输管理部门如何参与等问题,目前均还未出台相关规章或规范性文件进行明确。这也造成了在实际项目的工作中,为推进工作的开展,各方需要开展大量的协调工作。另外,在涉及建设征地区文物古迹保护、寺庙迁建等专业项目的处理中,同样面临类似于交通工程的处理疑问。在同时涉及多个行政管理机构的移民项目中,其他行政管理机构与移民主管部门相互间的工作关系需要进一步明确。

(2) 移民安置具体实施过程中,县级各行政管理机构之间协调量大，工作效率不高。

在各市（州）、县人民政府组织和领导具体的移民安置工作中，由于移民安置工作涉及的工作类型及涉及的移民工程建设种类多，除移民主管部门外，往往还会涉及多个其他行政管理机构。具体的移民安置实施工作往往会涉及交通设施复建和新建、电站征地及移民工程建设征地、城集镇和集中居民点建设、学校迁建、医院迁建、寺庙等宗教设施迁建、文物古迹处理、农田水利设施新建以及其他专业项目迁复建等多项工作，不仅涉及移民主管部门，还会涉及交通、国土、林业、城乡建设、教育、宗教、文化、水利、民政、环境保护等行政管理机构。但部分县，特别是未实施过大型水利水电工程移民工作的县，在移民安置的具体实施工作中，往往存在出现问题后临时安排负责的行政部门临时做出应急决策等工作现象，这类工作方式往往造成出现问题需层层上报、工作效率不高以及管理不畅、重复决策及决策冲突等问题。而在移民安置实施大规模开展中，往往多重问题同时涌现，工作的职责不清、配合不明将不利于移民安置工作的顺利开展。

（3）项目法人及中介服务单位与市、县级移民管理机构之间未进行直接的工作职责划分。

在实际的移民安置实施工作中，项目法人与市、县级移民管理机构之间以及中介服务单位与市、县级移民管理机构之间往往具有直接的工作关系，且工作内容多，工作来往频繁，工作联系密切。但在目前的安置相关政策中，尚未对上述工作关系中的相关各方之间的职责进行明确，在实际工作中，常常出现难以确定具体工作内容的主导方、责任方、相关方等情况，难以确定具体工作的工作方式和工作流程等，出现协调量大、工作程序多、耗时长等情况，不利于移民安置工作的顺利有序实施。

6.4　提升移民安置工作关系的建议

针对未建立明确工作关系的相关方，具体提出以下建议：

（1）建议出台相关规定，明确各级移民主管部门与其他行政管理机构的工作协作方式。

为促进涉及多个行政管理机构的移民项目顺利推进，减少不同行政管理机构之间的衔接问题，提高工作效率，建议出台相关规定，进一步明确移民主管部门与其他行政管理机构在移民安置工作中各自的工作职责、衔接方式。同时，省级行政管理机构根据其各自职责，对市（州）、县（市、区）各级行政管理机构分级进行行政权力和责任划分，以促进各级地方人民政府中各行政管理机构之间的衔接，理顺相互间的工作关系，推进移民工作顺利实施。

公路的复改建是移民工程中的常见项目，针对移民工程中等级公路的专项审批，建议按照图6.5所示流程实施。

（2）建议各市（州）出台本行政区域内的水利水电移民安置工作实施细则。

市（州）、县（市、区）人民政府是移民安置的工作主体、实施主体和责任主体。为解决移民安置具体实施过程中，各行政管理机构协作方式不明，导致工作效率不高等问题，建议各市（州）出台本行政区域内的水利水电移民安置工作实施细则，对在移民安置实施工作中通常涉及的移民人口对接及分户管理、移民安置意愿对接及安置协议签订、城集镇及集中居民点规划衔接及建设、复建交通工程建设、企业处理、输变电及通信工程建设、宗教设施处理等进行工作职责细化、明确。实施细则适用于行政区域内实施的所涉及的水利水电移民安置工作，使各项目实施工作有章可循，有明确的主管和协助开展工作的部门，以提高工作效率。

（3）建议持续加强移民工作人员培训，进一步促进移民安置工作的制度化、规范化和科学化。

在具体的移民安置实施工作中，移民干部及县、乡级移民工作者往往是开展移民安置工作的第一线工作人员，是对移民和相关单位提出的相关疑问的第一解答人，其综合素质和业务水平将直接影响移民安置工作的顺利开展。同时，在移民安置工作环境持续变化和移民安置相关政策法规持续更新的环境下，持续加强移民干部和

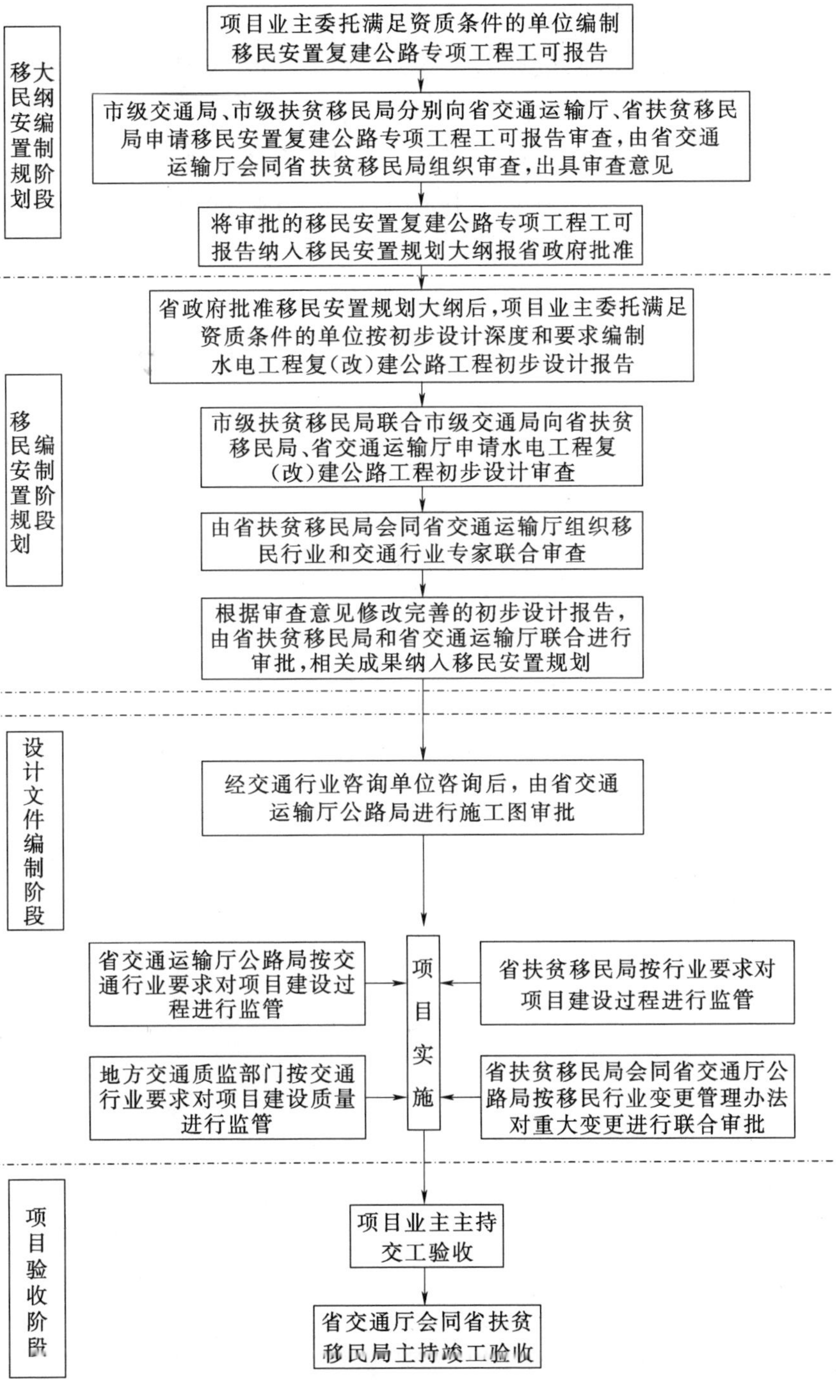

移民安置规划大纲编制阶段

> 项目业主委托满足资质条件的单位编制移民安置复建公路专项工程工可报告

> 市级交通局、市级扶贫移民局分别向省交通运输厅、省扶贫移民局申请移民安置复建公路专项工程工可报告审查,由省交通运输厅会同省扶贫移民局组织审查,出具审查意见

> 将审批的移民安置复建公路专项工程工可报告纳入移民安置规划大纲报省政府批准

移民安置规划编制阶段

> 省政府批准移民安置规划大纲后,项目业主委托满足资质条件的单位按初步设计深度和要求编制水电工程复(改)建公路工程初步设计报告

> 市级扶贫移民局联合市级交通局向省扶贫移民局、省交通运输厅申请水电工程复(改)建公路工程初步设计审查

> 由省扶贫移民局会同省交通运输厅组织移民行业和交通行业专家联合审查

> 根据审查意见修改完善的初步设计报告,由省扶贫移民局和省交通运输厅联合进行审批,相关成果纳入移民安置规划

设计文件编制阶段

> 经交通行业咨询单位咨询后,由省交通运输厅公路局进行施工图审批

> 省交通运输厅公路局按交通行业要求对项目建设过程进行监管

> 项目实施

> 省扶贫移民局按行业要求对项目建设过程进行监管

> 地方交通质监部门按交通行业要求对项目建设质量进行监管

> 省扶贫移民局会同省交通厅公路局按移民行业变更管理办法对重大变更进行联合审批

项目验收阶段

> 项目业主主持交工验收

> 省交通厅会同省扶贫移民局主持竣工验收

图 6.5 移民工程中等级公路专项审批流程建议图

移民工作人员的培训是十分必要的，一方面使移民工作者熟悉和适应新的政策法规，推进移民安置管理办法的顺利实施和规范运作，以及进一步提高移民安置工作制度化、规范化、科学化监督管理水平，另一方面使移民工作熟悉移民工作管理体制和工作机制，认识各方的职责分工，以及在工作中与各单位和部门开展有效的协作，推动工作开展。

第 7 章　移民安置利益关系

7.1　内涵及特征

7.1.1　内涵

首先，利益是个人自身的利益，同时又是社会的产物，当两个以上的人作为利益主体存在时，所结成的利益关系就会成为每个人的各自行为，即利益主体之间的互动性，构成利益关系得以发生的条件。其次，就群体利益而言，一个群体一旦形成，就成为独特的利益主体，该群体的利益就是自我利益。

我国加快建设水电等清洁能源基础设施，是稳定经济增长、优化能源结构、改善民生的绿色发展重要举措，对促进节能减排和污染防治，增加公共产品供给和有效投资需求，推动提升中国装备品质和竞争力，都具有重要意义。水电开发过程中，国家、地方政府、项目法人为了改善民生、促进发展做出了巨大的努力，移民为了支持国家建设、改善生活家园做出了巨大的贡献。

在水利水电工程建设过程中，移民迁建涉及损失补偿、投资分配、迁建与发展、工业与农业、城市与乡村等诸多问题，各方在这些问题中存在一定的利益分歧，这实际上是一个在不同利益相关者间进行利益调整的过程；移民迁建必将分化出一些具有各自不同利益要求的利益群体，这些都将形成库区多元化的利益格局和特殊的利益关系。

在库区迁建过程中不同利益相关者，也具有利益的一致性，但是也存在着一定程度的利益差别、利益矛盾。如何处理这些利益关系，对库区移民安置和社会发展将产生深远的影响。

7.1.2 特征

追求利益是一切人类活动的最终动因，利益关系就是各方关系的主要体现，利益关系是水电移民的根本，通过对水电移民利益关系的梳理，主要有以下几点特征：

（1）利益关系的法律性。水电工程各方利益关系均受到法律的制约，地方政府与项目法人之间、地方政府与移民之间通过安置协议确定利益关系，项目法人与设计单位之间、省级移民管理机构与监督评估单位之间通过合同确定利益关系，不同的利益关系都通过相关法律手段进行明确。因此，水电工程各方利益关系具有法律性。

（2）利益关系市场化程度较低。利益关系调节方式主要包括市场调节与计划调节。在推进社会主义市场经济体制改革的进程中，市场调节与计划调节的脱节或重置是利益关系问题出现的主要原因。在有些领域，利益的计划调节已经完全退出，但在水利水电行业，利益的调节主要依托政策性的计划调节，但由于利益的市场调节在诸多的行业已经发挥作用，由此造成了利益调节存在一定的问题，各方利益关系市场化程度较低。

（3）利益关系的复杂性。大型水利水电工程涉及方面较多，各个方面之间均存在不同形式的利益关系，项目法人与地方政府之间、地方政府与移民之间、项目法人与移民之间的横向利益关系，国家与地方政府之间的纵向利益关系，各种利益关系相互交叉，错综复杂。

（4）利益关系不对等性。从安置行为讲，政府主动，移民被动；从信息掌握讲，政府全面，移民片面，政府先于移民。

7.2 主要利益关系梳理与分析

在移民工作众多关系中，利益关系是项目推动的根本动力。利益关系的主体是项目参与的利益相关者，随着现代项目复杂化的发展趋势，项目的成功越来越依赖于利益相关者的支持和参与，传统的成本、进度、质量"铁三角"不再是衡量项目成功的唯一标准，项目利益相关者是否满意成为衡量项目成功的重要标准。项目利益者努力推动项目顺利进行，但在实际过程中，不同的利益相关者存在一定的利益分歧，项目利益相关者之间保持良好的合作关系并能形成项目组织的协同效应，是促进项目成功的关键要素；而如果项目利益相关者之间不能建立有效的合作，则会造成项目组织的混乱，这是阻碍项目顺利推进的重要因素。

因此，明确水利水电移民实施阶段核心利益相关者，理顺、协调各核心利益相关者之间相对、相向的利益关系，是保障和维护各方利益，有序推进水电移民工作的重要工作。

7.2.1 利益相关者

（1）利益相关者的定义。利益相关者是指在企业中投入了一些实物资本、人力资本、金融资本或一些有意义的价值物，并因而承担了一些风险，即他们因企业活动而承担风险。

根据这个定义，水电移民安置利益相关者应当满足以下三个特征：

1）水电移民安置的利益相关者必须对移民安置工作投入一定的资源。投入的资源可以是金融资本、实物资本、人力资本和其他具有一定价值的实物或行为。

2）水电移民安置的利益相关者投入资源可以是主动的，也可以是被动的。只要投入的资源与移民安置工作密切相关，而无论这种投入行为是处于主动还是被动。

3）水电移民安置的利益相关者因参与移民安置工作而承担风险。这种风险可能是财务风险、政治风险、贫困风险，可能是机遇或挑战。

（2）相关者识别。根据国家《大中型水利水电工程征地补偿和移民安置条例》《中华人民共和国土地管理法》和《中华人民共和国土地管理法实施条例》等，结合四川省水电移民安置的具体实践，依据对水电移民安置利益相关者的边界界定，对水电移民实施阶段各环节的主要利益相关者识别如下：

1）签订移民安置协议：项目法人、移民区和安置区所在的市（州）、县人民政府。

2）委托移民监督评估：项目法人、地方政府、监督评估单位。

3）编制年度移民安置计划：项目法人、地方政府及有关部门、设计单位、监理评估单位。

4）拨付年度征地补偿和移民安置资金：项目法人、地方人民政府及移民管理机构、移民监理、设计单位。

5）实施移民安置：项目法人、地方人民政府及有关部门、移民、设计单位、监理单位、资金稽察、审计单位、监察部门、安置区居民。

6）移民安置阶段性验收：项目法人和项目主管部门、地方人民政府及有关部门、设计单位、监理单位、施工单位、工程管理部门、移民、评估单位、资金稽察、审计单位、监察部门、档案管理部门。

7）移民安置竣工验收：项目法人和项目主管部门、地方人民政府及有关部门、设计单位、监理单位、施工单位、工程管理部门、移民、评估单位、档案管理部门。

根据国务院 471 号令规定，国家对移民安置工作实行全过程监督，切实维护移民的合法权益。因此，水电移民实施阶段主要利益相关者包括国家、地方人民政府及有关部门、项目法人和项目主管部门、移民、安置区居民、设计单位、监理单位与评估单位、稽察审计单位、施工单位等，归纳为六大利益相关者，即国家、地方政府、项目法人、移民、安置区居民、中介服务机构。

7.2.2　利益相关者的利益关注点

利益相关者为实现水电移民安置行为的总目标和自身利益最大化，通过投入一定资源作为成本参与水利水电工程建设，这些投入也相应地会带来一定的影响，可能是收益，也可能是损失。针对六大利益相关者的投入及利益关注点分析如下。

1. 国家

国务院及有关部门负责制定和颁布能够指导全国范围内水电移民安置工作的一系列政策、法规与规范；对有关水电移民安置工作的技术文件进行审查和批复，对项目进行核准，例如国家发展和改革委员会对于包括移民安置规划的项目可行性研究的审查等。国家对水电移民安置实行全过程监督，目标是实现水电移民的和谐安置，促进水电事业的可持续发展，维护移民权益，确保社会稳定和经济发展。为此，中央政府投入了大量的移民安置管理、扶持资金以及其他管理成本（人力、资本之外的物质资源等），其利益关注点如下：

（1）社会稳定。国家开展能源基础设施建设的主要目的是为国家发展提供充足的电力保障，同时通过建设带动区域经济发展，从而使得人民享受国家进步带来的福利。为达到这个目标，其首要关注点便是社会稳定。

（2）生态环境保护。我国水能资源蕴藏丰富的地区，往往也是自然环境良好、生态功能重要、生物物种丰富和地质条件脆弱的地区，生态系统敏感度较高、稳定性相对较差，做好生态环境保护工作是维护水电可持续发展的重要利益关注点。

（3）国家税收。国家税收是国家财政收入的主要来源，水电开发建设、管理中的国家税收也是国家的利益关注点。

2. 地方政府

地方政府及有关部门（特别是地方移民管理机构），主要贯彻国家有关水电移民安置工作的政策法规，创新区域水电移民安置理念和工作思路，指导下级政府做好移民安置工作。根据国务院471号令的规定，县级人民政府是水电移民安置的中坚力量和具体实施机构。地方政府在水电移民安置过程中将投入大量的包括政策在内的政治资源、经济资源、区域间关系协调等管理资源。

地方政府希望通过水电工程建设带动一方经济，改善一片环境，造福一批移民，甚至通过工程的辐射作用促进区域经济社会的发展，其利益关注点主要如下：

（1）社会稳定。与国家关注点相同，社会稳定是国家、区域发展的基础，任何发展均离不开社会的稳定，一切的建设发展均建立在社会稳定的基础上，因此社会稳定也是地方政府重要的利益关注点。

（2）经济发展与生态保护。相较于国家而言，地方政府更加关注水电站建设对于地方区域经济的带动，同时其对地方生态环境影响也是地方政府的重要关注点。

（3）地方税收。地方税收是地方政府开展项目建设的最直接收入来源，是地方政府利益的主要关注点，其受到国家政策的影响较大。

3　项目法人

项目法人主要通过与政府合作，为水电移民安置工作提供移民损失补偿资金和实施管理资金，并具体参与到移民安置实施过程中。他们推进水电移民安置的直接目标是通过水电移民为水电开发工程建设做好基础性的准备工作，同时在水电开发过程中履行企业的社会责任，通过水电开发，为国家提供大量的清洁能源，带动区域经济发展，改善生态环境，提高工程影响区域的移民和非移民的生产生活水平，增加地方和国家财政税收等。由于目前水电移民管理是"政府领导，分级负责，县为基础，项目法人参与"，所以项目法人在投入方面更多的是资金资源的投入，也有人力、物力等投入，其利益关注点如下：

（1）社会效益。水电开发与经济社会发展和人民生活息息相关，项目法人应该承担应有的社会责任，让中央放心，获得地方政府与人民群众的支持。

（2）经济效益。项目法人作为企业，项目经济效益是其主要关注点，经济效益是否优异是项目法人评判项目好坏的重要标准。

4.移民

移民既是水电移民安置中的主体，又是客体，是主体与客体的统一。工程建设给移民带来了物质和精神上的损失，在给未来的生存与发展带来诸多挑战的同时也带来很多机遇。移民在安置过程中主要通过积极地参与来维护自身合法权益不受侵害，并最大限度地利用工程建设和移民安置所带来的资源和发展机会。移民在安置过程中投入的成本是生产生活设施与环境、社会资本以及关系网络、生产技能与正常收入等，其利益关注点如下：

（1）支持国家建设。移民房屋、土地等生活生产资源被淹没或征收，其核心价值是为了支持国家水电建设。

（2）好的生活环境和经济发展条件。能够通过移民安置获得一个经济发展、环境良好、自我价值实现条件较好的生产生活环境，为自身乃至下一代创造良好的发展空间。

（3）损失补偿最大化。移民被迫举家搬迁，对于损失的土地、房屋、零星树木等，期待获得最大化的补偿。

5. 安置区居民

安置区居民也是移民安置中的一个重要的利益相关者。为了移民安置工作的顺利开展，安置区居民贡献了宝贵的生产资源和社区的公共基础设施，甚至是舒适的生活环境，承受了接纳移民的心理和精神上的震荡，其利益关注点如下：

（1）支持国家建设。安置区居民出让部分生产资源安置移民，其核心是为了支持国家建设。

（2）移民带来的公共基础设施及发展机会。安置区的居民多数处在二级受益的层面上，其预期收益就是能够分享移民给安置区带来的公共基础设施建设基金、旨在促进安置区社会经济发展的优惠政策和一些就业等发展机会等。

（3）损失补偿最大化。安置区居民通过转让部分生产资源，以期获得最大限度的补偿。

6. 中介服务机构

规划设计单位、移民监理单位、移民监测与评估单位等在移民安置过程中处于智囊团的角色。他们在移民安置过程中受业主的委托，按照行业规范客观、中立地开展工作，发挥设计方案、寻找问题、监测评估等功能，以更好地促进移民安置工作，其利益关注点如下：

（1）支持国家建设提供优质服务。中介服务单位作为水电项目的设计方、监理方其工作利益的核心在于提供优质的服务，促使国家水电建设顺利推进，为国家、地方发展，移民增收致富提供有力的支持。

（2）中介服务费。通过提供优质的中介服务，获取相应的中介服务费，为企业、员工创造应有的效益，促进中介服务行业有序发展。

（3）年度考核。根据四川省大型水电工程移民安置综合设计（设代）、综合监理、独立评估工作考核办法，每年需对相应综合设计（设代）、综合监理、独立评估工作进行考核，因此，提供优质服务，使项目业主、市、县及地方政府满意，获得较好考核评分，也是中介服务机构的主要利益关注点。

根据上述六大主要利益相关者分析，在移民工作涉及的各方中，直接参与利益分配，位于中心的核心利益相关者是项目法人、地方政府和移民这三个主体。这三者都为了项目顺利推进付出了自己的努力，虽然其核心利益是基本统一的，但也有利益的博弈，他们之间的利益博弈和平衡，是移民工作的利益主线。

而根据利益相关者理论，利益主体在追求自身利益过程中要受到其他利益主体的制约，不能无限制地追求自身利益而损害其他利益主体的利益，为实现彼此间的共同发展，利益主体间必须进行相互协调，在这一过程中经常会出现合作与冲突行为。在谋求经济增长上，各利益主体的利益目标是一致的，但在谋求发展经济的方式以及由此带来的损益上，各主体会产生矛盾和博弈。

7.2.3 项目法人与地方政府的利益关系

对项目法人而言，开发水电，其核心关注点在于如何顺利推进项目，为国家、地方发展做出应有的贡献。但同时，实现经济利益最大化也是重要的关注点，根据工程实践，移民安置实施情况往往成为项目效益的主要制约点。在实际工作中，水电项目主体工程在可行性研究阶段建设方案已基本确定，发生重大变化的可能性较小。对于移民安置实施而言，由于移民意愿变化、地形地质条件改变、经济社会发展调整等许多不可预见的人为因素，导致移民安置方案在实施过程中与前期审批成果可能存在较大差异，从而影响移民安置进度和投资。因此，项目法人对于移民安置实施的进度和经济效益更为关注，项目法人对于项目建设的积极性也受项目经济效益影响，项目经济效益越优异，项目法人推动项目会更为积极。

对于地方政府而言，水电开发带动地方经济社会发展，使移民增收致富是地方政府最为关注的方面；同时，地方政府充分考虑库区与周边区域的协调发展，对库区停建导致的基础设施落后于周边区域的情况，不局限于"原标准、原规模"为工程复建原则，而是希望结合周边区域基础设施规划和建设时序，提高工程标准、扩大工程规模，以期为地区发展节约财政资金，促进地方经济社会发展。

项目法人希望获得更好的经济利益，根据确定的标准、规模、建设时序开展相关工作。地方政府希望结合地方经济发展需要，按需推进项目建设，促进地方经济发展，这两者本身就存在一定的矛盾。当两者充分协调一致时，则项目推进顺利，当两者存在分歧时，则项目推进存在一定的困难。

项目经济效益可分为直接经济效益和间接经济效益，直接经济效益就本项目而言，评判经济效益好坏；而间接经济效益是指通过该项目，可促进项目法人其他项目获得更优的经济效益。无论哪种经济效益，对于项目法人而言，能够获得好的经济效益，项目法人对项目的积极性会更高，从而形成了项目法人、地方政府都积极推动项目建设的最佳形式。在此过程中，项目法人为更快更好推进项目，对于地方经济发展的诉求提供帮助，获得地方政府的更大支持，这类项目一般会进入良性循环。

而经济效益较差的项目，项目法人往往对项目积极性欠缺，希望通过优化设计，提升经济效益，而优化的主要项目往往是移民工程，同时对于地方政府的促进地方经济发展的相关诉求则尽量避免；这类项目容易陷入双方推卸责任的不利局面。

7.2.4　项目法人与移民的利益关系

项目法人为获得项目效益，希望在政策范围内优化移民安置投资。而移民在整个水电站建设中处于弱势地位，作为非自愿移民，往往背井离乡，原有的生产资料、社会网络遭到破坏，保护移民相关利益的只有水电移民相关法律法规、规程规范，而现行政策是采用"三原"（原规模、原标准、恢复原功能）原则的方式对移民进行补偿，对于资产价值市场化增长考虑不充分，这种方式导致移民补偿与市场化价值存在一定差距。

项目法人与移民之间的博弈主要围绕征地补偿展开，我国现有征地补偿标准的制定是以耕地年产值为标准，仅考虑到耕地的经济价值，而未考虑到真实存在且数量巨大的正外部性价值，导致耕地补偿标准较低，征地补偿与耕地转用后巨大成本收益差使得项目法人与移民之间存在利益博弈点。

项目法人与移民之间没有直接的经济往来，移民安置协议、补偿资金的兑付都是通过地方政府与移民之间完成。项目法人参与移民实物指标认定，组织设计单位编制移民安置规划设计大纲和移民安置规划报告等工作，确定生产、搬迁安置方案和各项标准。在报告编制过程中，耕地亩产值的采用、补偿单价测算、集中居民点投资往往成为项目法人关注的项目。

而移民则希望补偿最大化的同时，还能给未来带来更多的发展机会。在此过程中，移民获取的仅是原有资产的补偿，并未从水电站建设中获得更多的直接利益。项目法人作为水电站建设直接获利者，应该更多地考虑移民的合理利益。使得移民搬迁后生产生活水平不降低，并能够获得继续生产的资源，在体现企业社会责任的同时，促进项目的顺利推进。

7.2.5　地方政府与移民的利益关系

地方政府既是移民工作的管理主体，又是移民工作的利益主体；既是水电移民的代表者，又是水电移民项目的实施者，地方政府希望能够为移民争取更多利益的同时，也希望项目业主能尽快推进项目建设带动地方经济发展。

在项目实施的过程中，根据国务院 471 号令规定，地方政府作为大型水利水电工程组织和领导者，同时也是政策的执行者。

同时，地方政府也是移民利益的捍卫者，移民移民的利益诉求一般通过地方政府对外反映，地方政府除了为地方经济发展、基础设施建设考虑，还要在政策范围内为移民争取更多的利益。

一方面，地方政府希望项目能够顺利推进，带动地方经济发展；但另一方面，为了移民的利益，地方政府与项目法人展开了更多的博弈，作为三方利益的平衡点，地方政府需要充分考虑项目法人、移民以及自身经济发展的利益诉求。因此，地方政府是平衡各方利益关系的主要方面。

7.2.6　小结

地方政府、项目法人、移民作为主要主体，各方有侧重的利益关注点，地方政府是平衡各方利益关系的主要方面。

（1）水电移民实施阶段主要利益相关者包括国家、地方政府及有关部门、项目法人和项目主管部门、移民、安置区居民、设计单位、监理单位与评估单位、稽察审计单位、施工单位等。归纳为国家、地方政府、项目法人、移民、安置区居民、中介服务机构六大类，其中地方政府有关部门以及移民管理机构在利益关系中归纳为地方政府一类。

（2）项目法人、地方政府、移民作为水电移民工程实施阶段三大核心利益相关者，三者的利益博弈与平衡是移民工作的利益主线。

（3）项目经济效益影响项目法人对于项目积极性，项目经济效益较优的项目，往往项目推动顺利，各方满意，反之亦然。

（4）地方政府作为移民工作的管理者，是平衡各方关系的主要方面，促进项目顺利实施，带动地方经济发展的同时，也要做好移民利益的捍卫者。

（5）移民作为弱势方，对于移民安置方案、补偿标准大多采取被动接受的方式，从征地拆迁中获得补偿，其获得的经济利益是短期的、政策性的。

根据以上各方的利益关注点梳理和分析，水利水电工程建设征地移民安置主要利益关系清单见表 7.1。

表 7.1　水利水电工程建设征地移民安置主要利益关系清单

序号	利益相关者 1	利益相关者 2	是否存在利益关系	利益关系存在的问题	维护和保障利益关系建议
一	地方政府（移民管理机构）	项目法人	是	（1）地方政府考虑停建造成库区与周边区域基础设施现状差异，为避免重复建设，同时考虑库周居民的发展需要，提出基础设施恢复标准与地方经济发展统筹考虑的要求；企业根据规范要求，对复建工程采用原标准恢复，由此造成双方对于复建标准存在部分分歧。 （2）地方政府根据地方发展进度安排，希望部分项目能够加快建设，部分项目建设能够适应地方发展，减缓推进速度；项目法人则希望项目建设按照既定方案推进项目建设，由此造成双方对于项目建设时间安排存在一定分歧，出现了间接的利益博弈	（1）建立分歧协调机制，通过科学论证、专家指导、公众参与、风险评估，对标准、投资分摊等相关分歧进行讨论裁决。 （2）移民工程复建应统筹考虑移民搬迁安置与地方经济发展、库周居民生活条件改善，以同步发展为基本原则，通过统筹考虑、投资分摊的形式协调好移民安置与地方经济发展。 （3）建立良好的沟通机制，促进地方政府与项目业主充分沟通，平衡政策外相关问题，促进项目顺利推进

续表

序号	利益相关者1	利益相关者2	是否存在利益关系	利益关系存在的问题	维护和保障利益关系建议
二	地方政府（移民管理机构）	移民	是	（1）地方政府（含地方移民管理机构）既是移民工作管理者、政策执行者，也是移民利益捍卫者，保障移民利益，顺利推进工程建设，是地方政府的主要职责，双重的身份使得地方政府与移民之间存在间接的利益博弈。 （2）安置方案在很大程度上由地方政府根据区域规划和经济发展确定，地方政府更多的关注改善外部基础设施条件，创造发展空间，对于移民生存发展和区域特色产业构建，考虑相对较弱，移民在总体安置方案确定过程中话语权较少	（1）地方政府推进项目建设同时应当为移民争取更多的利益和发展机会，在居民点选择等方面应更多考虑移民后续发展。 （2）完善移民申诉机制，依法保障移民合法权益不受损害。 （3）地方经济恢复及发展应该将移民增收致富作为重要问题，充分考虑移民发展需要，制定适宜的发展措施，保障地方经济有序发展、移民个人健康发展
四	移民	项目法人	是	（1）移民与项目法人并不产生直接的利益关系，但项目移民与法人之间由于被动的资产置换、补偿标准、最终获利等的不同，产生了间接的利益关系。 （2）目前补偿标准是对移民实物指标价值的补偿，未充分考虑资产的市场化属性。同时，补偿补助标准前期不够公开，使得移民与项目法人针对补偿标准存在间接利益博弈。 （3）移民与项目法人处于不对等的经济地位，项目法人在项目建设过程中是主动投入，获得直接经济利益。而移民是被动搬迁，将自己的房屋、土地等资产投入水电建设，获得相应补偿和相对较好的生活发展环境，但并未从水电站建设中获得直接的经济利益	（1）建立市场化补偿机制，对移民实物指标价值进行市场化估价；完善补偿补助标准前期信息公开。 （2）水电工程补偿标准逐步与其他行业标准接轨，减少不同项目间补偿差异，保障移民利益。 （3）通过资产入股等方式，建立移民移民分享电站利益机制，使移民从水电站建设中获得资产收益。 （4）完善移民社会保障体系，提高老年移民抗风险能力

7.3 面临的问题及矛盾

7.3.1 利益共享机制有待完善

水电开发企业的核心是水电开发带来的经济利益，政府是为了获得财政收入促进当地经济发展，从某种程度上说其目标是一致的。但随着水电开发的规模和范围的进一步扩大，西部地区与东中部地区差距的增大，利益矛盾日趋尖锐。水电开发与地方发展尚未形成良性互动，一是地方经济社会发展规划与水电项目开发规划结合衔接不够充分，水库地区产业规划滞后，加上资金和人才缺乏等原因，地方经济呈现建设期繁荣，运行期因"产业空心化"重归萧条的现象；二是水库淹没了大量耕（园）地、人口及房屋、城集镇、公路、企业等，城集镇与居民安置点建设、专业项目复建又占用相当数量耕地，加之目前水电开发多在高山峡谷地区，当地资源环境容量不足，库区生态环境压力增大，给地方经济可持续发展留下了隐患；三是地方各级政府为安置移民维护稳定制定了调地优惠、经商免税、照顾子女上学等优惠政策，并在维稳等方面投入了大量的人力与物力等隐形投入；移民安置过程中生态环境保护和治理成本考虑不全不充分等，这些成本没有在水电电价中考虑，不利于地方经济和移民的发展；四是分税制度不合理，注册地不在水电项目所在地形成的总部经济造成了水电资源所在地的税收外流；库区受淹地区既不是项目所在地，又不是开发企业注册地，形成未获得或少获得税收收入的现象；五是缺少相应的水电开发利益共享机制，地方经济发展缺少后劲。

水电开发地的移民遭受损失最根本的原因是水电工程建设征地造成的。水电开发企业取得开发利用权，获得可观的经济利润，特别是大中型水电站主要是国有企业投资，更是无偿取得水能开发利用权，获得垄断利润。由于水库淹没，当地移民失去原先拥有的林下资源（如虫草、松茸等）、适宜特色农产品（如雷波脐橙、金阳青花椒等）种植的耕（园）地，损失一些无法转移的财产，有的就地后靠，农业生产条件空间恶化，生存质量下降；有的背井离乡、失去土地，却只得到少量的补偿费用。企业的巨额利润和移民的贫困生活这两种极端反差，可能会引起移民的不平衡情绪，造成移民利益与水电开发企业的利益冲突。另外，库区移民获得了一定的经济补偿和土地，而安置区为了接受库区移民不得不调整耕地、开荒等方式挤压当地居民生活环境容量，但是安置区居民承受的环境成本却没有得到相应补偿，没有享受到用电、用水方面的优惠。

因此，调和各方的利益冲突，建立利益相关方之间的利益共享机制，是解决目前水利水电征地移民工作面临困境的治本之策，也是实现水电的可持续开发和通过水电开发带动区域经济发展的前提与基本保证。

7.3.2　补偿补助标准有待进一步完善

水电资源和征收的土地资源是政府对水电产品的资源投入要素。政府通过行政审批划拨资源，没有基于水电资源的国有属性而获得资源所有者权益，也即水电资源的使用不需要向政府交纳水电资源的使用费。如果水电资源的电价按照国家电价核定办法仍具有增值空间，可以作为资源有偿使用费征收，构成水电资源和土地资源的增值。如果按照一定的规则以两者投入的大小进行二次分配，则水资源增值部分享有的水电资源使用费由政府享受，土地资源增值部分享有的水电资源使用费的分享，应该通过地方政府与被征地移民协商确定。

目前我国使用的征地补偿标准和安置补助标准是采用年产值乘以倍数的方法，这种方法从实际来看并不能真正的估量土地本身的价值，而且这种方法缺乏科学的衡量标准，在实际的工作中很难够掌握，这些缺陷就会导致在实际补偿的过程中，政府确定的价值与农民的协商价存在差异。

7.3.3　移民工程复建与地方经济发展有待融合

《水电工程建设征地移民安置规划设计规范》（DL/T 5064—

2007）中明确提出专业项目恢复要坚持"原规模、原标准、恢复原功能"，原标准、原规模低于国家规定范围的下限的，从国家规定范围的下限建设；原标准、原规模高于国家规定范围的上限的，从国家规定范围的上限建设；原标准、原规模在国家规定范围内的，按照原标准、原规模建设。

在此原则下，移民工程按照现状规模和标准，在满足国家相关行业强制性规定的前提下规划迁（复）建方案，审查认定后实施。但实际上，大型水电工程建设周期较长，一般需5～10年，如瀑布沟水电站从可研启动至最后蓄水发电、完成搬迁历时10年，溪洛渡、向家坝等特大型水电工程，其建设周期更加漫长。因此仅仅按现状规模、标准规划复建移民工程，则当电站蓄水发电、移民工程建成后，按照目前社会经济的发展速度，可能该项工程的功能和标准已不能满足5年后的运行或使用，不可避免地会造成重复建设和资源浪费，同时国家相关文件已明确提出水电工程建设，应担负一定的社会责任，应促进库区及移民安置区经济发展和移民脱贫致富，因此移民工程复建，应充分衔接地方相关规划，使复建工程满足社会经济发展需要。

7.3.4 移民社会保障体系未完全建立

目前，针对水电移民国家并未明确养老保障政策，2005年4月2日，四川省人民政府办公厅以《四川省人民政府办公厅关于印发〈瀑布沟水电站农村移民养老保障安置试行办法〉的通知》（川府办发电〔2005〕26号）发布的《瀑布沟水电站农村移民养老保障安置试行办法》，四川省首次提出的一种新型移民安置方式——养老保障安置，通过发放养老保障金的方式对失去劳动能力的农村移民进行安置补偿，能有效解决失去劳动能力移民的个人生活需要。但移民养老保障安置政策并未与社会保障制度实现同步衔接，保障方式单一，标准偏低，从制度上给移民安置的后续生活带来不确定性，给社会稳定留下隐患。因此，这种方式缺乏应有的、有效防御风险的作用，对移民、项目法人和政府都存在较大的隐患。同时，养老保障安置这种安置方式虽然为移民提供了货币补贴，但实际上是将原本就属于补偿权范围的一定数额的货币补偿与原本应由政府向公民提供的一定数额的、用以保障公民基本生活的货币补贴相混淆，规避或减轻了政府责任。因此，研究移民养老保障向养老保险安置方式转变，可以减少国土行业被征地农民与水利水电工程征地移民之间的攀比，保证水利水电工程移民的合法权益，同时有效地提高老年移民的抗风险能力。

7.4　维护和保障各方利益关系的建议

7.4.1　完善移民、政府分享电站效益机制

水电资源属国家所有，但库区移民在搬迁时做出了巨大牺牲，虽然得到了一些补贴，但有限的补贴并不能维持长久的生计。为此，应重新综合考虑水电建设的利益分配，公平合理地处理公共资源损益与权益、责任与义务的关系，让因水电站建设而搬迁的移民分享电站的收益。

在当前我国水电工程移民管理体制下，移民拥有共享工程效益的权利还需要国家、地方政府在政策上面给予支持。地方政府既是移民工作的管理主体，又是移民工作的利益主体；既是水电移民的代表者，又是水电移民项目的实施者。国家在制定水电税收的分成比例时，应更多考虑地方政府财政收入。地方政府在行使权力维护自身利益的同时，必须站在移民利益的角度，为移民争取更多的利益，使移民能够充分分享工程开发效益。而项目法人作为水电开发的最大受益者，他的责任范围不应该仅局限于自身，还应该扩大到更大范围的利益相关者，尤其是承受贫困风险的水库移民。

（1）移民资产入股分红，共享电站利益。国家土地政策明确规定，对有收益的项目，在当地集体经济组织和农户自愿的前提下，可将土地补偿费入股，入股红利定期支付集体经济组织再对移民分配。投资入股共享法与资源效用价值占比分红的不同之处，在于移民以自己在水库淹没中得到的补偿投资，可以采用部分征地费用入

股投资电站，剩余部分征地费用用于被征地人的生产安置，可以用来筹措土地，也可以作为基本经济收入保障移民基本生产生活，入股电站部分按照投入比例共享电站运行后的收益。

（2）增加地方政府税收或基金留成，提升地方政府电站利益分成。水电资源开发所获得的丰厚利润很难惠及水电资源所在地。可加大原有税收体系中对于地方的倾斜比重，增加水电资源所在地政府的税收或基金留成，扶持有利于增加地方税收的税种，同时积极探索设立类似三峡发展基金的水电开发基金，按照目前国家正在推进的逐步促进国家基本公共服务均等化的要求，主要用于当地的基本公共服务和特色优势产业培育，增强当地的自我发展能力。

利益共享机制使移民、地方政府和水电工程成为利益共同体，最终达到的结果将会是政府满意、项目法人满意、移民群众满意，同时实现库区建设与发展、移民安居乐业和社会和谐稳定的"共建、共治、共享"局面。

7.4.2　适当研究完善移民补偿标准

现行的水电工程征地补偿按土地的农业产值来计算征地补偿标准，这样的补偿标准是以土地农用且存在工农产品价格剪刀差为基础。原有的土地补偿标准测算方法难以确保提高甚至维持征地前农民的生活状，也无法取代征地后不断强化的土地保障功能，只是提高了补偿标准，这种补偿依旧是政府垄断控制下的价格。因此，可以考虑以市场价值交易为原则，按财产的实际价值为补偿依据的做法，这样可以实现公平、合理的补偿。

7.4.3　移民工程复建应统筹考虑库区发展及投资分摊

大型水利水电项目法人除了推进水利水电项目发展，还应承担更多的的社会责任，水电企业提出的"建好一座电站，带动一方经济，改善一片环境，造福一批移民"的建设理念，但部分移民工程复建却未能充分考虑区域经济发展要求。因此，从统筹考虑、提前规划、整合发展的角度，在移民安置规划阶段，可以结合区域社会经济和行业发展，适度超前，统筹考虑移民工程的建设规模和标准，同时整合各方资金，将移民安置规划与地方和行业规划充分糅合和衔接，以达到促进地方社会经济发展和移民脱贫致富的目的。

7.4.4 完善社会保障体系

当移民土地被征收后，由于库区资源有限，往往成为失地农民。移民一旦失去了土地，也就失去了土地的福利绩效，但并未相应获得市民的社会保障待遇，成为种田无地、上班无岗、低保无份的"三无"游民。由于这些移民普遍文化程度较低，年龄大，一旦失去了土地，在没有学历又没有较强劳动力的情况下很难找到工作。随着物价的上涨和生活标准的逐年提高，政府要积极做好失地移民的安置就业工作，对规划区范围内的移民进行再就业培训并给予政策上的优惠。同时还应解决其养老保障和基本医疗保障问题。在其符合最低生活保障标准的情况下，应按照当地城镇居民的最低生活标准发放生活保障金。保障水平从低水平广覆盖到高福利逐步推广完善，进行梯度式推进，最终达到全民参保。采取移民社会养老保险安置方式后，老年移民收入水平将高于四川省目前采用的养老保障安置方式的收入水平，且纳入社会保险体系后，领取的养老保险金根据社会经济的发展和社会平均工资水平的变化而动态调整，不再是体外循环、单建统筹，资金保障程度大大提高。同时，移民死亡后，其合法继承人可领取其个人账户中剩余养老金以及抚恤金、丧葬费。移民社会养老保险安置方式资金来源多渠道（业主缴费、国家补助相结合），投资有分摊，政府统兜底。因此，从保障范围、保障水平和后续发展等方面，移民社会养老保险安置较原养老保障安置更可靠，老年移民可以获得长期、稳定的收入，移民更满意。

第8章 移民安置监督关系

8.1 含义与特征

8.1.1 含义

监督，即对现场或某一特定环节、过程进行监视、督促和管理，使其结果能达到预定的目标。

《监督学概论》（马怀平等著）认为，法律监督的分类是指按照不同的标准，从不同角度对法律监督所做的基本分类，通常也称为法律监督的种类，主要分为国家监督和社会监督、纵向监督和横向监督、内部监督和外部监督、事前监督和事后监督、国家性的监督和非国家性的监督。《法学基础理论》（沈宗灵等著）认为，根据法律监督的来源不同，可把法律监督分为系统内的监督和系统外的监督（也可称为内部监督和外部监督）；根据法律监督的阶段不同，可将法律监督分为事前监督、日常监督和事后监督；根据法律监督的主体不同，可将法律监督分为国家法律监督和社会法律监督。

综上，结合四川省大型水利水电移民安置多年实践情况，本书认为，移民安置监督关系是开展移民工作的保障，是指移民安置过程中，地方政府、移民管理机构、项目法人、移民和设监评五个核心利益方通过法律约束、行政管理、规范规定、社会舆论等方式形成的互相之间的监督关系。

因主客体、监督内容以及监督形式等不尽相同，水电移民安置监督关系主要包括行政监督关系、专门监督关系、专业监督关系和社会监督关系。

174

8.1.2 特征

移民安置监督关系包含行政、专门、专业以及社会监督四种关系。不同关系因实施主体、参与方以及工作方式等特性的不同，存在不同的特征。

（1）行政命令性。国务院471号令第五条规定："国务院水利水电工程移民行政管理机构负责全国大中型水利水电工程移民安置工作的管理和监督……省、自治区、直辖市人民政府规定的移民管理机构，负责本行政区域内大中型水利水电工程移民安置工作的管理和监督。"《四川省大中型水利水电工程移民工作管理办法（试行）》第五条规定："省扶贫移民局负责全省大中型水利水电工程移民工作的管理和监督。"可见，上级政府或部门对下级政府或部门之间的监督是国家管理层面上赋予的工作权利。对于四川省移民安置监督关系而言，它是省级政府对地方政府，省级移民管理机构对地方移民管理机构的监督。该种监督带有行政命令的性质，下级必须接受上级的监督，这是不可逆的。

（2）法律强制性。《中华人民共和国行政监察法》（2010年修正）第二条规定："监察机关是人民政府行使监察职能的机关。根据这一规定，行政监察机关隶属于各级人民政府，是各级人民政府行使监察职能的机关，是管理行政监察事务的行政机关。"移民安置专门监督即是政府检察机关向同级政府、移民主管机构行使监督权力，此种监督关系具有法律强制效应。

（3）技术服务性。四川省人民政府268号令第四十二条规定："省、市（州）移民管理机构和项目法人应采取招标方式，共同委托有相应资质的单位开展大中型水利水电工程移民综合监理、独立评估工作。"《四川省大中型水利水电工程移民安置监督评估管理办法》第十三条规定："移民安置监督评估单位应按照委托方有关移民工作管理和监督的要求，认真履行合同，做好移民安置监督评估工作。"可见，移民安置监督具有的技术服务性主要体现在移民安置专业监督上，它是由业务性质决定的。移民安置专业监督的主要任务是对移民安置进度、移民安置质量、移民资金的拨付和使用以及移民生活水平的恢复情况进行监督、监测，最终达到协助项目法人、地方政府在计划目标内完成移民安置工作的目的。因此，移民安置监督技术人员利用自身知识、技能和经验、信息，尽可能地为项目法人、地方政府提供管理和技术服务。

（4）公正公平性。《四川省大中型水利水电工程移民安置监督评估管理办法》第六条规定："移民安置监督评估应遵循守法、诚信、公正、科学和独立的原则，并对工作质量终身负责。"公正公平是社会公认的职业道德，也是监督行业的基本职业道德准则。移民安置要体现公正公平性，除必须接受法律、行政和专业的监督外，还需接受社会大众、舆论媒体的监督，让广大群众，特别是广大移民群众能够主动参与到移民安置工作中，对施工计划、搬迁计划以及资金兑付计划等内容进行关注。2016年9月1日开始实行的《四川省大中型水利水电工程移民工作条例》第五十条明确规定："移民工作应当接受新闻媒体、其他社会机构和公民的监督。"

8.2 主要监督关系梳理与分析

8.2.1 行政监督关系

行政监督关系是指上级国家行政机关对下级行政机关的层级监督、政府各工作部门之间的监督，既有从上往下的行政监督，也有各部门之间的相互监督，这是从行政的角度确定的。

四川省的移民安置行政监督关系主要是指各级移民管理机构（省、市州、县）对本行政区域内各类移民工作的监督及相互关系，涉及移民工作内容包括移民安置规划、移民档案管理、先移民后建设、移民统计管理、移民安置社会风险评估、后期扶持、后期扶持项目资金管理、年度资金计划等。

8.2.1.1 省级移民机构行政监督

四川省移民主管机构的行政监督主要是指四川省扶贫和移民工

作局对本省范围内水利水电移民安置工作的监督。

四川省人民政府第 268 号规定："省水利水电工程移民主管机构负责全省大中型水利水电工程移民安置工作的管理和监督。"《四川省大中型水利水电工程移民安置监督评估管理办法》指出，省扶贫和移民工作局负责对全省大中型水利水电工程移民安置监督评估工作的监督管理。由此可知，省级移民管理机构对本行政区域内移民安置工作行使的监督权力是通过相关法律法规建立起来的。

根据《四川省大中型水利水电工程移民工作管理办法》、《四川省大中型水利水电工程建设征地移民安置前期工作管理办法（试行）》、《四川省大中型水利水电工程移民后期扶持工作管理暂行办法》等政策、法规和文件，省移民管理机构移民安置行政监督的范围为：负责全省大中型水利水电工程移民安置监督评估工作的监督管理；指导监督下级移民主管机构（主要为市、州一级）移民安置监督评估工作。

根据政策规定及四川省移民工作实际，省级移民管理机构行使的监督内容主要包括：对全省移民安置和后期扶持实行全过程监督管理，对移民安置、后期扶持政策实施实行稽察制度，对移民资金实行内部审计制度；负责审查和确认大型水利水电工程移民安置监督评估实施细则，协调处理监督评估过程中的重大问题，检查监督评估单位履行合同的情况，组织开展监督评估工作年度考核；指导监督中型水利水电工程移民安置监督评估工作，对市级移民管理机构执行移民政策、实施移民安置规划、安置实施、完成年度计划、使用管理资金项目等履职情况进行考核。

8.2.1.2　市级移民机构行政监督

市级移民主管机构的行政监督主要是指四川省各市（州）对本行政区域范围内水利水电移民安置工作的监督，其行使的行政监督权力也是一种被政策法律赋予的一种权力。

根据《四川省大中型水利水电工程移民工作管理办法》、《四川省大中型水利水电工程建设征地移民安置前期工作管理办法（试行）》、《四川省大中型水利水电工程移民后期扶持工作管理暂行办法》等政策、法规和文件，市级移民安置行政监督范围为：负责本行政区域内水电工程移民安置工作的监督评估，指导下级移民管理机构的移民安置监督评估工作。

根据政策规定及四川省移民工作实际，市级移民主管机构行使监督权力的工作内容为：负责审查和确认中型水利水电工程移民安置监督评估实施细则，协调处理监督评估过程中的重大问题，检查监督评估单位履行合同的情况，组织开展监督评估工作年度考核。协调处理大型水利水电工程移民安置监督评估过程中的有关问题，参与监督评估工作年度考核。会同项目法人对监督评估（综合监理、独立评估）单位的工作实行考核制度，对移民实施质量、进度、资金控制，信息、合同管理，移民工作协调，设计变更等履职情况进行考核，对其提供的报告进行检查。

8.2.1.3　县级移民机构行政监督

与上级移民管理机构监督关系的建立一样，县级移民管理机构行使的行政监督权力也是一种被政策法律赋予的一种权力。

根据《四川省大中型水利水电工程移民工作管理办法》、《四川省大中型水利水电工程建设征地移民安置前期工作管理办法（试行）》、《四川省大中型水利水电工程移民后期扶持工作管理暂行办法》等政策、法规和文件，县级移民管理机构监督范围为本行政区域内的水电工程移民安置工作的监督评估。

根据政策规定及四川省移民工作实际，县级移民管理机构行使监督权力的工作内容为：配合监督评估单位开展监督评估工作，提供移民安置实施质量、进度、资金使用等相关资料，协调处理监督评估工作中的有关问题，落实监督评估整改意见等，参与监督评估工作年度考核。

8.2.2　专门监督关系

在大型水利水电工程实施阶段，移民安置工作在遵从各级移民主管机构的直接管理外，还应接受国土、安全（维稳）、审计、纪检、安监以及质检等部门在其工作范围内的工作指导和监督。因此，移民安置专门监督，是指各级行政职能部门（机关）的监督。移民工作过程中所有工作都应该接受各级行政职能部门（机关）的监督，包括从移民工程招投标、具体工作的实施、移民资金的拨付等各方面，都要接受各级行政职能部门（机关）的全面监督。四川省的移民安置专门监督关系包含三个层面：一是省、市（州）、县的行政监察机关与同级政府、同级移民管理机构之间的监督关系；二是各级移民管理机构成立的稽察部门与同级移民管理机构、下级移民管理机构之间的监督关系；三是各级行政职能部门对移民安置涉及其工作范围内的工作进行监督。

8.2.2.1　行政监察机关监督

根据《中华人民共和国行政监察法》（2010 年修正）："县级以上地方各级人民政府监察机关负责本行政区域内的监察工作，对本级人民政府和上一级监察机关负责并报告工作，监察业务以上级监察机关领导为主。"因此，行政监察机关监督主要是指在行政系统中设置的专司监察职能的机关对行政机关及其工作人员以及国家行政机关任命的其他人员的行政活动及行政行为所进行的监督检查活动，它是一种意识形态和工作纪律的监督，如纪委、法院、检察院等机构。本类监督关系行使监督权力的依据主要包括：《中华人民共和国信访条例》《中国共产党纪律检查机关控告申诉工作条例》《监察机关举报工作办法》《中国共产党章程》《中国共产党纪律处分条例》《中华人民共和国行政监察法》（2010 年修正）、《行政机关公务员处分条例》和《事业单位工作人员处分暂行规定》。

8.2.2.2　移民管理部门监督

四川省移民安置专门监督主要是以各级移民管理机构成立的稽察部门、审计部门与同级移民管理机构、下级移民管理机构之间的监督关系为主。

（1）稽察部门监督。稽察部门监督是指各级移民管理机构依法对管理或使用移民资金，实施或管理移民项目（规划）的有关单位，开展的一项监督检查活动，旨在全过程、全方位监督检查移民工作的真实性、合法性和效益性。

依据《四川省扶贫和移民项目稽察暂行办法》规定，稽察工作实行省扶贫和移民工作局统一领导，市、县级移民管理机构分级负责，各级移民管理机构内设稽察部门（以下简称"稽察部门"）负责组织，具体稽察工作由稽察组负责实施，实行组长负责制。稽察工作接受国家和省相关稽察管理部门的指导。

根据要求，各级移民管理机构稽察部门对本机构法人负责，在分管领导的指导下，组织协调稽察组开展工作。主要包括：

1）稽察工作分管领导。主要职责包括领导和协调稽察工作；审定年度稽察工作计划和方案；审定稽察组提交的稽察成果。

2）稽察部门。主要职责包括编制稽察工作年度计划和方案；确定稽察的对象和组织实施方式；组织成立稽察组，并确定组长；发出稽察通知，指导稽察组开展工作；汇总稽察情况，形成综合稽察报告；督促被稽察单位落实整改及相关工作。

3）稽察组。主要职责包括全面负责稽察工作质量，对稽察部门负责；根据工作方案制定具体的稽察组织实施方案，明确稽察组各成员分工；汇总稽察组稽察意见，向稽察部门提交稽察报告（征求意见稿），按程序审定后向被稽察单位书面征求意见；组织收集被稽察单位对稽察存在问题的处理整改意见，并在规定期限内向稽察部门提交。

稽察部门的监督范围是根据政策规定及四川省移民工作实际确定的，监督范围主要包括大中型水利水电工程建设征地补偿和移民安置规划安排下达的计划（预算）项目（规划）；大型水利水电工程移民后期扶持规划和计划（预算）项目（规划）；国家和省对相关库区和移民安置区实施的移民后续项目（规划）等。

移民稽察部门行使监督权力的内容包括：移民安置前期工作阶段，以现行的移民政策法规和省扶贫移民局的规范性文件为依据，稽察地方移民管理机构、规划设计单位等报送的规划报告及相关文件的真实性、规范性、合法性和要件的完整性。监督工程建设征地处理范围勘界情况；实物指标调查、确定、公示情况；移民安置目标、标准、任务情况等。移民安置实施阶段，移民安置协议的签订和执行、移民安置计划执行情况（重点是安置住房建设、生产用地划拨、基础设施完成情况）；移民安置实施质量；城（集）镇、工矿企业、专业设施项目实施情况；征地补偿和移民安置资金的兑现情况；移民资金投入与实际完成工程匹配情况；移民安置资金拨付、使用与管理情况；项目管理、监理和监督评估情况等。移民后期扶持工作阶段，稽察大中型水库移民后期扶持规划实施情况，即移民后期扶持对象的核定情况；移民后期扶持资金到位、使用和管理情况；移民后期扶持直补资金兑现情况；移民后期扶持规划项目实施管理情况；移民后期扶持项目实施绩效等。移民后续发展规划工作阶段，稽察相关实施后续发展规划的库区和移民安置区，基础设施和经济发展规划工作情况，即资金的筹集到位、使用管理情况；规划项目的实施绩效；项目的基本建设程序执行情况，项目的实施情况与绩效。

（2）审计部门监督。移民审计监督主要是依据四川省扶贫和移民工作局印发的《四川省大型水利水电工程移民资金内部审计管理办法》进行确定的。它主要针对移民资金内部审计，即各级移民管理部门的内部审计机构或人员，对移民资金管理和使用的真实性、合法性和效益性实施独立、客观的监督评价和咨询活动，包括移民资金财务收支审计、移民单项工程结算和移民工程竣工决算审计。

实施过程中，各级移民管理部门负责组织实施本行政区域内移民资金内部审计，要求各级移民管理部门按照有关规定设立内部审计机构，没有设立内部审计机构的单位应授权本单位内设机构履行内部审计职责。

其审计对象包括：①管理和使用移民资金的各级移民管理部门、各级人民政府临时设置的移民专项管理机构、乡（镇）移民工作站点（办）；②管理和使用移民资金的各级政府部门；③使用移民资金的项目实施单位；④管理和使用移民资金的总承包和代建单位及其他单位。

其审计内容包括：①移民工作有关的法律法规和政策规定执行

情况；②移民资金拨付和管理、使用及绩效情况；③移民安置规划和移民资金年度计划、变更情况；④会计核算和决算情况；⑤内部控制制度建立及执行情况；⑥审计发现问题的整改情况等。另外，有关移民单项工程结算、移民工程竣工决算也在审计内容中。

8.2.2.3 各级行政职能部门监督

各级行政职能部门监督主要是指国土、安全（维稳）、安监以及质监等部门对实施阶段移民安置工作涉及本部门职能范围内的工作进行监督。

（1）国土部门监督。国土部门监督主要依据《中华人民共和国土地管理法》《中华人民共和国矿产资源法》《国土资源行政处罚办法》以及《国土资源执法监察巡查工作规范（试行）》等相关政策法规确定的。它是指国土资源行政主管部门及其派出机构通过巡回检查的方式，及时发现国土资源违法行为，依法予以制止和报告的工作制度。

在移民安置实施工作中，则主要针对涉及未经批准非法占用土地的；在临时用地上修建永久性建筑物、构筑物的；占用耕地建窑、建坟或者擅自在耕地上建房、挖砂、采石、采矿、取土的；占用基本农田建窑、建房、建坟、挖砂、采石、采矿、取土、堆放固体废弃物或者从事其他活动破坏基本农田的；无证勘查、开采矿产资源的等违法行为行使监督权力。

（2）社会稳定监督。社会稳定监督主要依据《四川省社会稳定风险评估办法》（四川省人民政府令第313号）以及《四川省大中型水利水电工程建设征地补偿和移民安置社会稳定风险评估办法（试行）》（川办函〔2013〕191号）确定的。风险评估是指对大中型水利水电工程建设征地补偿和移民安置可能引发重大矛盾、影响社会稳定等潜在的不稳定因素，开展系统调查研究，进行科学预测、分析和判断，制定对策措施，有效规避、防范、控制和化解潜在风险的工作过程。风险等级按风险程度分为低风险、中风险、高风险三类。

在移民安置实施过程中，主要包括涉及农村集体土地征收、被征地农民补偿安置和移民安置等方面的重大政策和改革措施；涉及经济适用房等住房保障政策重大调整；涉及城市基础设施建设和国有土地上房屋征收补偿、居民安置等政策重大调整以及大中型水利水电工程涉及编制建设征地移民安置规划大纲、编制移民安置规划及方案调整，组织开展蓄水验收，以及涉及人数多、关系移民群众切身利益的重大敏感问题等事项，均要实施社会稳定风险评估。

（3）安全监督。安全监督主要是依据《四川省安全生产条例》（四川省第十届人民代表大会常务委员会公告第 90 号）、《四川省人民政府办公厅关于印发四川省安全生产隐患排查治理监督管理办法的通知》（川办发〔2013〕54 号）以及《四川省人民政府办公厅关于加强安全生产监管执法的实施意见》（川办函〔2015〕133号）等政策法规确定的。安全监督的职责范围包括县级以上地方人民政府安全生产监督管理部门对本行政区域内安全生产工作实施综合监督管理。各级安全生产监督管理部门对安全生产实行分级监督管理，其职责划分由省安全生产监督管理部门确定。乡（镇）人民政府、街道办事处依照本条例规定对本行政区域内的安全生产实施监督管理。

在移民安置实施中，安全监督则主要针对移民工作人员人身安全、移民工程建设安全以及移民集中居民点等人口密集区的防洪、防火、防爆以及防化学物品等安全工作内容。

（4）质量监督。质量监督主要依据《建设工程质量管理条例》（国务院令第 279 号）以及《四川省建设工程质量管理规定》确定的。根据要求，省人民政府建设行政主管部门是全省建设工程质量管理的主管机关。县级以上人民政府建设行政主管部门负责本行政区域内建设工程质量管理工作。县级以上人民政府建设行政主管部门的建设工程质量监督机构，具体实施建设工程质量监督管理。水利、交通、电力等部门的专业工程质量监督机构具体实施专业工程质量监督工作，业务上接受省建设工程质量监督机构的指导。

在移民安置实施中，质量监督主要依据《四川省大中型水利水电工程移民安置验收管理办法（修订）》《四川省大中型水利水电工程移民安置实施阶段设计管理办法》（川扶贫移民发〔2013〕444号）就移民安置围堰截流阶段、蓄水验收阶段以及竣工验收阶段的农村移民安置和生产生活恢复情况、城（集）镇迁建情况、企业迁建及补偿情况、专项设施迁（复）建情况、移民安置环境保护措施实施情况、新增滑坡塌岸处理情况、库底清理情况、移民资金拨付、使用情况、建设征地手续办理情况、移民档案建设和管理情况、移民资金审计情况以及移民后期扶持政策和措施的落实情况等内容进行监督。

8.2.3 专业监督关系

专业监督关系，主要是指移民安置实施工程中，省级移民管理机构会同项目法人委托的移民综合监理和独立评估单位，从技术的角度，监督移民安置实施主体是否按照规程规范、有关管理办法和移民政策开展移民工作，其目的是确保移民工作在法制的轨道规范有序运行。

监督评估单位属于第三方社会服务中介机构，其首要责任即是对省级移民管理机构和项目法人高度负责。根据相关法律规定，移民安置工作需由移民主管机构和项目业主共同委托移民综合监理及独立评估单位开展监督评估工作。因此，移民专业监督关系的建立是受法律约束和工作往来等相互作用而形成的。根据《四川省大中型水利水电工程移民安置监督评估管理办法》（川扶贫移民发〔2013〕443号）规定，移民安置专业监督范围包括移民安置综合监理和移民安置独立评估。

（1）移民综合监理。移民综合监理的任务包括：一是督促移民安置实施单位严格按批准的移民安置规划组织实施，对移民安置质量、进度和资金的拨付使用等进行监督检查，并对存在的问题提出处理意见。二是对移民安置实施单位信息管理工作进行监督检查，并做好移民安置综合监理项目部的信息管理工作；对补偿补助及安置协议的签订、执行和资料归档情况进行监督检查，对移民安置实施过程中相关合同备案与履约情况进行监督检查。三是采取定期与不定期巡查、抽查和全面检查、现场督导等形式发现移民安置实施中的有关问题，并通过现场协调、专题会议等方式协调处理发现的问题。重大问题及时报告委托方。四是定期主持召开监理例会，协调处理移民安置实施中的重大问题；参加相关单位组织召开的工作例会和专题会议，协助处理有关问题。五是协商移民安置综合设计（设代）单位对移民安置项目规划调整和设计变更（一般设计变更和重大设计变更）进行界定。对一般设计变更组织相关单位进行变更方案论证，提出现场处理措施，并督促县级移民管理机构或专项设施实施单位做好上报审批及实施工作；对重大设计变更提出处理意见。六是按时编制移民安置综合监理月（季）报、监理年度总结报告、移民安置验收报告，及时编制综合监理简报、专题报告，全面、准确地向委托方报告监理工作和移民安置实施情况。七是及时报告移民搬迁安置实施工程中出现的重大质量和安全问题、突发性事件，并积极做好现场协调处理工作。

（2）移民安置独立评估。移民独立评估的任务包括：一是开展移民安置及移民生产生活水平恢复情况评估；二是开展城（集）镇迁建功能恢复情况评估；三是开展专项设施迁（复）建功能恢复评估；四是工矿企业迁建和生产恢复情况评估；五是区域社会环境适应性及后续发展情况评估；六是移民合法权益保障、移民和移民安置区社会稳定风险评价；七是移民安置实施工作情况评估；八是移民安置规划实现程度和安置效果评估。

8.2.4　社会监督关系

社会监督是指由公民、法人或其他组织对行政机关及其工作人员的行政行为进行的一种没有法律效力的监督。社会监督关系主要指新闻媒体、其他社会机构和公民与移民工作的工作主体、实施主体、责任主体之间的监督关系，它的内容涵盖整个移民工作的各个主体、各个方面。移民工作在接受全社会监督的同时，也应接受移民的反监督，移民有权知晓整个移民安置实施过程，具体的移民安置标准、补偿补助标准是否与国家审批的一致。

社会监督种类繁多，该监督形式不全受相关法律的约束，也不全受相关方的委托，如社会舆论从社会大众的角度出发，新闻媒体从工作宣传出发，移民自发形成的组织从自身利益的角度出发等。因此，社会监督关系的建立不单纯是以法律、工作、利益关系其中的某一关系为主建立形成的，而是上述多种关系相互作用下建立的。根据实践经验，移民安置社会监督工作的范围包括对移民实施阶段全过程的监督，以及标准、方案、实施变更、概算调整以及工作组织、工作形式等。

社会监督的监督权力是指公民、法人或其他组织对移民安置工作中的其他参与方及其相关工作的一种没有法律效力的监督。在移民安置过程中，移民行使其社会监督权力，凡是认为其合法权益受到侵害的，可以依法向县级以上地方人民政府或者其移民管理机构反映，县级以上地方人民政府或者其移民管理机构应当对移民反映的问题进行核实并妥善处理。移民也可以依法向人民法院提起诉讼。

8.2.5　小结

总体而言，移民安置实施阶段的监督关系主要包括行政监督关系、专门监督关系、专业监督关系和社会监督关系。通过分析，结合四川省大型水利水电工程移民安置工作实际，相关各方之间存在的监督关系主要包括以下内容。

（1）行政监督层面。现阶段，四川省的省、市（州）、县三级移民主管机构之间已按照行政法、《四川省大中型水利水电工程建设征地补偿和移民安置条例实施办法》（四川省人民政府第 268 号令）以及《四川省大中型水利水电工程移民工作条例》（NO：SC122711）等法律规定建立了监督关系。

（2）专门监督层面。现阶段，移民工作已遵照《中华人民共和国行政监察法》（2010 年修正）、《四川省扶贫和移民项目稽察暂行办法》（川扶贫移民发〔2012〕496 号）以及《四川省大型水利水电工程移民资金内部审计管理办法》等法律规定，在监察部门与（同级、下级）政府之间、监察部门与移民主管部门之间、省级移民主管部门与地方政府、移民主管部门与项目法人之间建立了监督关系；但在各级职能部门与同级移民主管部门之间的监督关系仍需完善。

（3）专业监督层面。现阶段，依据《四川省大中型水利水电工程移民工作条例》《四川省大中型水利水电工程移民安置监督评估管理办法》（川扶贫移民发〔2013〕443号）等政策法规要求，移民综合监理与地方政府、项目法人之间已经建立了监督关系，独立评估单位负责移民安置、移民生产、移民生活水平等评价工作。

（4）社会监督层面。现阶段，依据《移民工作条例》中"移民工作应当接受新闻媒体、其他社会机构和公民的监督"等相关规定，社会各界与移民工作各方（移民除外）建立了监督关系，但此种关系尚未上升到具体实施层面，仍需完善相关管理办法加以落实。

四川省大型水电工程移民安置实施阶段监督关系清单详见表8.1。

表8.1　　四川省大型水电工程移民安置实施阶段监督关系清单

序号	监督类型	监督主体	监督客体或内容	是否存在监督关系	已有表现形式	是否建立完善监督关系	建议表现形式
一				行政监督			
1	四川省扶贫和移民工作局	本行政区域内的大中型水利水电工程移民工作	是		（1）四川省人民政府令第268号规定，省水利水电工程移民主管机构负责全省大中型水利水电工程移民安置工作的管理和监督。 （2）《四川省大中型水利水电工程移民工作条例》（NO：SC122711）规定，省人民政府移民管理机构负责监督管理大中型水利水电工程移民工作，审核移民安置规划，指导、协调和监督移民安置，监督管理移民资金，组织开展移民安置验收	已建立	继续执行相关规定，并按规定适时修订和完善管理办法

续表

序号	监督类型	监督主体	监督客体或内容	是否存在监督关系	已有表现形式	是否建立完善监督关系	建议表现形式
1		四川省扶贫和移民工作局	本行政区域内的市（州）、县级移民主管机构	是	行政法规定的上下级之间的关系为监督与被监督关系	已建立	（1）继续执行相关规定，并按规定适时修订和完善管理办法；（2）进一步完善细化监督考评制度；（3）针对移民安置监督工作完善奖惩机制
2		市（州）级移民主管机构	本行政区域内的大中型水利水电工程移民工作	是	《四川省大中型水利水电工程移民工作条例》（NO：SC122711）规定，市（州）人民政府移民管理机构负责监督管理本行政区域内的大中型水利水电工程移民工作，指导、协调和监督移民安置实施，监督管理移民资金	已建立	（1）继续执行相关规定，并按规定适时修订和完善管理办法；（2）市（州）级移民管理机构针对移民安置实施工作建立监督细则（工作方案）
			本行政区域内的县级移民主管机构	是	行政法规定的上下级之间的关系为监督与被监督关系	已建立	（1）继续执行相关规定，并按规定适时修订和完善管理办法；（2）按月或季度编制移民安置政府监督工作报告，报市级移民主管机构；（3）涉及重大事件报送上级移民主管机构备案

续表

序号	监督类型	监督主体	监督客体或内容	是否存在监督关系	已有表现形式	是否建立完善监督关系	建议表现形式
3		县级移民主管机构	本行政区域内的移民具体工作	是	县（市、区）人民政府移民管理机构负责本行政区域内的移民具体工作	已建立	（1）继续执行相关规定，并按规定适时修订和完善管理办法；（2）按月或季度编制移民安置政府监督工作报告，报市级移民主管机构；（3）涉及重大事件报送上级移民主管机构备案
二					专门监督		
1		省、市（州）、县级行政监察机关	同级或下级政府	是	《中国共产党纪律处分条例》、《中华人民共和国行政监察法》（2010年修正）、《行政机关公务员处分条例》和《事业单位工作人员处分暂行规定》等	已建立	继续执行相关规定
			同级或下级移民主管机构	是	《中国共产党纪律处分条例》、《中华人民共和国行政监察法》（2010年修正）、《行政机关公务员处分条例》和《事业单位工作人员处分暂行规定》等	已建立	继续执行相关规定
2		省、市（州）、县级移民主管机构设置的稽察部门	下级移民主管机构	是	《四川省扶贫和移民项目稽察暂行办法》（川扶贫移民发〔2012〕496号）规定，稽察工作实行省扶贫和移民工作局统一领导，市、县扶贫移民管理机构分级负责，各级扶贫移民管理机构内设稽察部门负责组织	已建立	（1）继续执行相关规定，并按规定适时修订和完善管理办法；（2）不同行政区域制订稽察工作方案；（3）落实行政复议和奖惩机制

续表

序号	监督类型	监督主体	监督客体或内容	是否存在监督关系	已有表现形式	是否建立完善监督关系	建议表现形式
2		省、市(州)、县级移民主管机构设置的稽察部门	中介服务单位	是	《四川省扶贫和移民项目稽察暂行办法》(川扶贫移民发〔2012〕496号)规定,稽察规划设计单位等报送的规划报告及相关文件的真实性、规范性、合法性和要件的完整性	已建立	继续执行相关规定,并按规定适时修订和完善管理办法
3		省、市(州)、县级移民主管机构设置的审计部门	同级、下级移民主管机构	是	《四川省大型水利水电工程移民资金内部审计管理办法》规定,审计对象包括: (1) 管理和使用移民资金的各级移民管理部门、各级人民政府临时设置的移民专项管理机构、乡(镇)移民工作站点(办); (2) 管理和使用移民资金的各级政府部门; (3) 使用移民资金的项目实施单位; (4) 管理和使用移民资金的总承包和代建单位及其他单位	已建立	(1) 继续执行相关规定,并按规定适时修订和完善管理办法; (2) 不同行政区域制订审计工作方案
			市(州)、县级人民政府	是			
			项目法人	是			
			总承包、代建及其他单位	是			
4		各级国土部门	移民实施涉及职能范围内的工作	是	《中华人民共和国土地管理法》、《中华人民共和国矿产资源法》、《国土资源行政处罚办法》(国土资源部令第60号)以及《国土资源执法监察巡查工作规范(试行)》(国土资发〔2009〕127号)等	需完善	(1) 继续执行相关规定; (2) 各级国土资源部门制订针对大中型水电工程建设征地移民安置实施阶段涉及其职能范围内的监督管理意见

续表

序号	监督类型	监督主体	监督客体或内容	是否存在监督关系	已有表现形式	是否建立完善监督关系	建议表现形式
5		各级维稳部门（维稳办）	移民实施涉及职能范围内的工作	是	《四川省社会稳定风险评估办法》（四川省人民政府令第313号）、《四川省大中型水利水电工程建设征地补偿和移民安置社会稳定风险评估办法（试行）》（川办函〔2013〕191号）	需完善	（1）继续执行相关规定；（2）各级政府或维稳部门制订针对大中型水电工程建设征地移民安置实施阶段涉及其职能范围内的监督管理意见
6		各级安全监督部门	移民安置实施涉及职能范围内的工作	是	《四川省安全生产条例》（四川省第十届人民代表大会常务委员会公告第90号）、《四川省人民政府办公厅关于印发四川省安全生产隐患排查治理监督管理办法的通知》（川办发〔2013〕54号）以及《四川省人民政府办公厅关于加强安全生产监管执法的实施意见》川办函〔2015〕133号	需完善	（1）继续执行相关规定；（2）各级政府或安管部门针对大中型水电工程建设征地移民安置实施阶段涉及其职能范围内的监督管理意见
7		各级质量监督部门	移民安置实施涉及职能范围内的工作	是	《建设工程质量管理条例》（国务院令第279号）以及《四川省建设工程质量管理规定》	需整合完善	（1）继续执行相关规定；（2）与《四川省大中型水利水电工程移民安置验收管理办法（修订）》《四川省大中型水利水电工程移民安置实施阶段设计管理办法》（川扶贫移民发〔2013〕444号）相衔接和整合

序号	监督类型	监督主体	监督客体或内容	是否存在监督关系	已有表现形式	是否建立完善监督关系	建议表现形式
三					专业监督		
1	移民综合监理		县级人民政府及移民管理机构	是	《四川省大中型水利水电工程移民工作条例》（NO：SC122711）、《四川省大中型水利水电工程移民安置监督评估管理办法》（川扶贫移民发〔2013〕443号）	已建立	继续执行相关规定
			县级移民管理机构及移民实施工作	是	《四川省大中型水利水电工程移民工作条例》（NO：SC122711）、《四川省大中型水利水电工程移民安置监督评估管理办法》（川扶贫移民发〔2013〕443号）	已建立	继续执行相关规定
2	独立评估		合同约定范围内的移民工作	是	《四川省大中型水利水电工程移民工作条例》（NO：SC122711）、《四川省大中型水利水电工程移民安置监督评估管理办法》（川扶贫移民发〔2013〕443号）	已建立	继续执行相关规定
四					社会监督		
1		移民群众、新闻媒体和其他社会机构	各方面移民工作	是	《四川省大中型水利水电工程移民工作条例》（NO：SC122711）规定，移民工作应当接受新闻媒体、其他社会机构和公民的监督	已建立、需完善	（1）继续执行相关规定；（2）制定《社会群体参与移民监督工作的实施办法》，完善监督听证会、民主评议会、网上评议的形式（详见建议）

8.3　面临的问题及矛盾

（1）行政监督落实不够到位。行政监督落实主要体现在移民搬迁安置的实施工作上。移民搬迁安置需综合考虑集中或分散安置点的合理、科学选择，部分行政部门不事前统筹，在实施过程中，对移民安置点的区位选择、基础设施恢复、安全卫生隐患排除等工作内容监管不到位，导致了资金浪费，影响了移民生活生产水平的恢复。

（2）专门监督力度不足。专门监督力度的不足主要表现在资金使用和控制方面。移民安置资金的使用主要体现在农村移民安置补偿费、城集镇和工矿企业迁建补偿费、专项资金等。现阶段，移民安置资金的使用原则为专款专用、预算限额和实行移民资金计划管理。但在实际操作过程中，由于移民意愿、价格标准等边界条件易发生变化，移民资金年度预算较实际兑付数额通常发生变化，而相关监督部门往往未能及时组织单位进行清理，导致资金出现缺口。

（3）专业监督细节不够精细。目前，从四川省移民安置监督评估工作实际情况来看，专业监督关系存在的问题主要在于：一是"弱势监督强权"。在现场工作中，专业监督单位（移民综合监理、独立评估单位）由于受项目业主和移民主管机构委托，其首要业务是服务性，即为各方排忧解难，积极协商相关问题的解决思路。因此，在工作往来中，会存在"地方利益诉求"与"部分政策法规"相矛盾的情况，在此种情形下，专业监督单位往往处于弱势的地位。二是监督从业人员业务水平参差不齐。从四川省各大水利水电工程实施项目来看，监理单位派驻现场的工作人员由于工作经验、业务熟悉程度以及沟通协调等能力的差异，必然会在发现问题、解决问题以及解决方式上存在差异性。三是行业准入及技术标准尚不够系统和完善。现阶段，应该说国家、省级政策法规、技术规范等已比较完善，但随着移民安置工作的不断深入和细化，新的问题不断显现，相应的行业准入标准及技术规程规范已不能很好地适应新形势下移民监督评估工作的需要，上述工作细节急需完善和更新。

（4）社会监督体系不够完善。目前，虽有政策文件将社会监督引入到移民安置工作中，但并未制订具有操作性的方案，实施起来有一定难度。例如，水电工程建设涉及的征地问题。根据《中华人民共和国宪法》《中华人民共和国土地管理法》，建设征地是一种政府行为，是政府的专有权利，必须依法批准。在这过程中，涉及向土地所有者支付补偿费、妥善安置剩余劳动力、土地征收等不同阶段复杂且繁琐的工作内容。上述工作内容均是涉及广大移民群众切身利益的，但由于社会监督体系的不完善，导致移民很少能够掌握有效信息。因此，征地行为必须向社会公开，接受社会的公开监督。

8.4 改善移民安置监督关系的建议

（1）建立完善移民安置实施监督管理体系。建议建立覆盖四川省整个移民安置实施阶段工作的监督管理体系。首先，移民行业主管部门内部在遵循已有的法规、政策下，依据行政法等法律要求建立自上而下监督管理关系，明确监督途径、监督方法、监督手段及奖惩办法等内容，市（州）级、县级移民主管机构根据本行政区域内移民安置实施工作的特点制订移民安置实施监督工作细则（工作方案）；其次，各级移民管理机构依据法律、政策规定行使监督权力，对于监督发现的问题要责令及时整改，并要求按月或季度编制政府监督工作报告报上级部门；第三，省级移民主管部门与省级各职能部门协商对接并形成相应的监督管理制度，落实移民安置实施涉及各职能部门范围内的监督工作的权利和责任。

（2）加强移民安置监督管理人员业务水平。要想移民安置工作顺利地推进，就必须抓好监督部门的管理工作。作为监督管理的实施者，通常工作范围广，涉及的工作对象和内容多而繁杂。因此，提升移民安置监督管理人员的综合业务水平，提升问题处理和工作协调能力，才能更好地解决问题，完成相关监督工作。建议对移民安置监督工作人员就移民政策及相关法律法规、标准、规范、移民工程管理、计算机操作应用、信息的收集与处理及各种表格的填写与报送等进行培训；此外，在专业监督人员的配置方面，专业技术单位应更进一步加强服务意识及职业意识，保证技术力量的投入，保证设备资源的投入，特别是主要岗位的工作人员必须按要求驻守现场，保证现场工作时间。

（3）完善咨询评审、报告审批过程中的监督机制。咨询评审是检验设计成果的核心途径，报告审批是行政确认设计成果的唯一方式。因此，建议各级移民管理机构建立或完善对咨询评审、报告行政审批过程中的监督机制，对征求地方政府意见、专家咨询会、评审会、核定会以及报告批复的整个流程进行监督和记录。

（4）建立统一、高效的信息系统。充分利用信息时代大数据技术，建立完善移民信息管理系统，并将信息及建议实时地传送到各级移民管理机构、项目业主、设计单位等有关部门，确保参建各方能实施全过程的动态管理，做到信息即时共享，处理问题反应快速，同时不定期地在库区现场进行全方位巡查，发现问题及时现场纠正与协调解决或上传至信息处理通道等。

（5）完善移民安置社会监督细节。目前，虽有较多文件对各项移民工作内容的监督管理做了较为详细的规定，但从整体的角度考虑，省级层面上仍缺乏针对移民安置全生命周期内所有工作任务的监督工作体系。为此，需要监督机构进一步完善规章制度，明确职责；执行机构进一步细化管理制度，让监督关系更加清晰，工作组织更加有序、制度更加严密。

具体而言，要建立社会监督网络，形成完善的社会监督工作机制：一是逐步形成公众监督，即普通居民、移民等通过批评、建议、检举、揭发、申诉、控告等基本方式对国家机关及其工作人员权力行使行为的合法性与合理性进行监督。不断扩大公众参与范围，方便社会公众了解情况、参与监督；引导加强内部监督，保障职工群众的监督权，鼓励库区移民和安置区群众监督举报各类隐患。二是完善社会团体监督，加强各种社会组织和利益集团对国家机关和公职人员的监督，加强与各级工会、共青团、妇联组织的沟通与协调，依法维护和落实知情权、参与权和监督权，不断完善措施，加强管理，切实保障群众的利益和权益。三是衔接法律监督，"法律监督的实质是以社会主体贯彻法律为目的对其他主体行为所进行的干预"。在一个民主的国家，对权力监督的方式是多种多样的，从监督权力主体的角度，可分为国家权力监督和人民民主权力监督。四是加强舆论监督，舆论监督是指社会利用各种传播媒介和采取多种形式，表达和传导有一定倾向的议论、意见及看法，以实现对政治权力运行中偏差行为的矫正和制约。建立完善舆论监督反馈机制。对新闻媒体有关的批评性报道，要本着有则改之、无则加勉的态度，实事求是，及时进行调查和处理，并在报道后的 2 周内，将整改结果或查处进展情况向有关部门和新闻媒体反馈。

第9章 结论与展望

9.1 结论

本书基于"三个主体五个方面"及"四大关系"理论，结合四川省大型水利水电工程移民政策和移民工作的发展历程及现状，重点对法律关系、工作关系、利益关系以及监督关系的内涵、特征、类别等进行了深入的分析和研究。研究发现，"四大关系"理论积极整合了移民工作力量，理顺了移民工作各方关系，厘清了各级人民政府和移民管理机构的责任、权利和义务，同时也规范了中介服务单位的技术服务行为。

通过本书，主要得到以下几个方面的结论：

（1）法律关系是根据法律规范建立的一种社会关系，能够规范、约束相关各方的移民工作，是移民工作的基础。

法律关系是根据法律规范建立的一种社会关系，表现出以权利义务为内容，以国家强制力为保障手段的特征，是移民工作的基础，主要包括：项目法人与省级人民政府之间的法律关系，省、市（州）、县（市、区）各级人民政府之间的法律关系，市（州）、县（市、区）级人民政府与移民对象之间的法律关系，省级移民管理机构与中介服务单位之间的法律关系，地方政府和实施单位之间的法律关系等。各方之间的法律关系也是逐步完善的过程，对各方移民工作能够起到规范、约束的作用。

（2）工作关系是各相关方在移民安置工作过程中建立起来的协作关系，呈现法律性、特定性、复杂性的特征，是移民工作的主线。

移民安置实施阶段的工作关系包括：国家、省、市（州）、县（市、区）各级人民政府及行政管理机构间的行政工作关系，项目法人与各级地方人民政府部门的工作关系，以及中介服务单位与各级地方人民政府的工作关系，是在各相关方在移民安置工作过程中建立起来的相互关系，呈现法律性、特定性、复杂性的特征，工作关系是移民工作的主线。

（3）利益关系是相关各方在互动过程中产生利益格局而形成的关系类型，项目法人、地方政府和移民之间的利益博弈是主要利益关系，是移民工作的根本。

移民利益关系是相关各方在互动过程中产生利益格局而形成的关系类型，是移民工作的根本，主要包括：项目法人与地方政府之间在开发目标上的利益博弈，项目法人与移民、地方政府与移民之间的利益目标差异等。现阶段，在水电开发利益关系方面，还存在一些问题与矛盾，"重工程、轻移民"的现象依然存在，补偿补助标准体系有待进一步完善，利益共享机制尚未建立起来等。需要通过建立利益共享机制、完善移民保障体系等途径维护和保障各方利益。

（4）监督关系是各相关方通过法律约束、行政管理、规范规定、社会舆论等方式形成的相互关系类型，是移民工作的保障。

移民安置监督关系是开展移民工作的保障，因主客体、监督内容以及监督形式等不尽相同，主要包括：上级国家行政机关对下级行政机关的层级监督，政府各工作部门之间的监督的行政监督关系，行政监察机关的专门监督关系，移民综合监理和评估单位专业监督关系，以及新闻媒体、其他社会机构和公民的社会监督关系等，呈现行政命令性、法律强制性、技术服务型、公正公平性的特征。

在监督过程中，存在着社会监督体系不够完善，行政监督落实不到位，专门监督力度不足，专业监督细节不够精细等问题。需要通过建立完善移民安置实施监督管理体系，提升管理人员业务水平，以及完善咨询评审、报告审批过程中的监督机制等途径加以改善。

（5）"四大关系"之间存在交叉关联性，相互之间具有一定的制约作用。

法律关系、工作关系、利益关系、监督关系"四大关系"相互之间存在一定的交叉性、关联性，如存在法律关系的相关各方之间势必存在工作关系，法律关系在法律层面上对移民安置实施工作提出要求。各关系之间又具有一定的制约作用，如利益关系中的目标差异与博弈，对相互之间工作关系的开展具有一定的影响。

（6）相关各方间关系仍有不明确、不清晰、不规范的情况，需要采取相关措施进一步规范和固化。

针对相关各方工作管理、工作规范不完善的问题，需坚持国家和省级移民政策，结合工程实践经验对现行管理办法、工作规范等进行修订和完善。针对目前水利水电移民管理工作存在的职责和权利不匹配、执行不力、监督管理制度实施效果不佳、地方政府移民管理工作存在局限，以及各级各部门对移民工作的认识有偏差等问题，建议进一步完善和细化具体的管理操作规范；建立移民工作法治化的新常态，逐步实现水利水电移民工作机制由"行政化"向"法治化"方向发展，并进一步完善水利水电移民安置等配套政策。

9.2　展望

新时期，面临新的水电开发与社会经济发展环境，水利水电移民工作出现新的问题，"三个主体五个方面"间交叉的关系也要不断适应与创新，相关各方也要切实做好新常态下移民安置工作，按照新形势与新政策的要求，不断在理论和实践中深入探索，推动移民工作健康、有序地开展。本书结尾拟对新时期、新常态下如何进一步完善水利水电移民工作关系进行展望，以期在今后的工作中进入深入探讨。

（1）进一步强化法制意识，建立移民工作法治化新常态。

目前部分移民及少部分地方政府"等、靠、要"思想严重，普遍存在依赖感、攀比感、归责感，导致移民不愿意失去移民身份，成为"特殊公民";在水利水电征地移民工作中,涉及各方存在法制意识淡漠、工作不规范的现象,完全依靠行政管理难以切实管理和规范各方的行为活动,从而影响移民工作的稳健推进等现实问题。结合中国共产党十八届四中全会全面推进依法治国的重要精神,立足推进改革提高移民工作的治理水平和能力,以问题为导向,重视加强移民立法调研工作,着力建立健全移民工作法律法规,完建移民前期规划、中期实施、后期扶持工作的法律规章,明晰各方协同推进移民工作的法律责任、法律权益、法律义务和法定工作程序,倡行遵纪守法和诚信守约,增加违法成本,做到"法不授权不可为",严格依法移民,切实管治和规范"三个主体五个方面"的行为活动,建立移民工作法治化新常态,逐步实现水利水电移民工作机制由"行政化"向"法治化"方向发展,实现移民依法搬迁,政府和各级各部门要依法管理,项目业主依法参与,设计单位、监理单位、建设单位等相关部门要依法工作。

(2)进一步提升移民管理工作中的执行力,强化实施管理。

针对目前水利水电移民管理工作中存在的职责和权利不匹配,执行不力,监督管理制度实施效果不佳,地方政府移民管理工作存在局限,以及各级各部门对移民工作的认识有偏差等问题,建议进一步完善和细化具体的管理操作规范;另外,应重点加强水利水电工程涉及的地方政府移民干部培训工作,在项目启动初期,进行移民政策及相关专业知识的宣讲和培训,以加强移民管理工作,减少实施主体不作为或乱作为现象。

(3)对四川省水利水电工程移民政策体系进行进一步的调整和完善。

四川省移民政策体系和行业规章已经非常完善,但在执行层面仍存在少许不足之处。如目前四川省水利水电工程移民安置方式包括:农业安置、复合安置、第二产业和第三产业安置、养老保障安置、投亲靠友安置、自谋出路安置、自谋职业安置、逐年补偿安置等;但对各安置方式的基本定义、适用范围、适用条件等未见明确的政策规定,有些只出现在工程项目的内部文件中;还有诸如等级公路是否纳入建设征地范围、宗教设施补偿的其他费用计列标准、移民困难户的执行标准、深基础计列原则和方法、强制规范中的抗震加固如何考虑、保温隔热如何处置、水电工程水库淹没区的税费减免、移民新村的风貌打造经费计列等问题由于没有上升为省级的政策规定，在执行层面存在做法不一的现象；出现问题或移民提出质疑时，更多是靠移民干部的口头解释来处理，容易形成政策执行和解释口径不一致等问题。建议在现有政策体系文件的基础上，出台或完善相关政策文件释义，针对性制定实施操作细则，进一步丰富和完善四川省移民政策体系。

参 考 文 献

［1］ 张谷. 试论移民安置工作中的四大关系［J］. 成都：四川省扶贫和移民工作局，2016.

［2］ 中国水电顾问集团成都勘测设计研究院. 四川水电移民安置实践与探索［R］. 2012.

［3］ 四川省扶贫和移民工作局. 关于四川省大中型水利水电工程移民基本情况的报告［R］. 2014.

［4］ 中国电建集团成都勘测设计研究院有限公司. 大渡河流域水电移民安置实践与管理创新［R］. 2016.

［5］ 朱东恺. 水利水电工程移民制度研究［J］. 河海大学，2005：32 - 34.

［6］ 骆继文，李光华. 大中型水电工程移民安置实施中的设计变更探讨［J］. 水力发电，2015，41（9）：26 - 28.

［7］ 中国电建集团成都勘测设计研究院有限公司. 水电工程移民安置实施管理研究报告［R］. 2014.

［8］ 四川省扶贫和移民工作局，中国电建集团成都勘测设计研究院有限公司. 水利水电工程征地移民政策改革思路研究报告［R］. 2014.

［9］ 中国水电顾问集团成都院. 水电工程移民工作回顾与总结专题研究报告［R］. 2011.

［10］ 刘友贵，蒋年云. 委托代理理论述评［J］. 学术界（双月刊），2006（1）：69 - 71.

［11］ 贾生华，陈宏辉，田传浩. 基于利益相关者理论的企业绩效评价——一个分析框架和应用研究［J］. 科研管理，2003（4）：94 - 95.

［12］ 陈宏辉. 企业的利益相关者理论与实证研究［D］. 杭州：浙江大学，2003：31 - 32.

［13］ ［美］科斯，哈特，斯蒂格利茨. 契约经济学［M］. 李风圣，主译. 北京：经济科学出版社，1999：24 - 29.

［14］ 李辉婕. 基于不完全契约理论的人力资源管理外包决策分析［D］. 上海：上海财经大学，2005.

［15］ 杨其静. 从完全合同理论到不完全合同理论［J］. 教学与研究，2003（7）：27 - 33.

[16] 虞慧晖，贾婕. 企业的不完全契约理论述评 [J]. 浙江社会科学，2002 (6)：184 - 187.

[17] 李汉卿. 协同治理理论探析 [J]. 理论月刊，2014 (1)：138 - 142.

[18] 范忠信. 中国法律传统的基本精神 [M]. 济南：山东人民出版社，2001.

[19] 曾庆敏. 法学大辞典 [M]. 上海：上辞书出版社，1991.

[20] 舒国滢. 法理学导论 [M]. 北京：北京大学出版社，2006.

[21] 曾宪义，张文显. 法理学 [M]. 北京：科学出版社，2010.

[22] 张谷，刘焕永，郭万侦，徐静. 中国水利水电工程移民安置新思路 [M]. 北京：中国水利水电出版社，2016.

[23] 马怀平，等. 监督学概论 [M]. 北京：中国财政经济出版社，1990.

[24] 沈宗灵. 法学基础知识 [M]. 北京：北京大学出版社，1994.

[25] 徐永清，等. 浅谈移民监督评估在潘口水电站建设中的作用 [J]. 人民长江，2012，43 (16)：90 - 91.